AF462324

GUIDE DE L'ÉLEVEUR

DE

POULES, POULETS, ETC.

Evreux, A. HÉRISSEY, imprimeur. — 555.

GUIDE DE L'ÉLEVEUR

DE

POULES, POULETS, ETC.

PAR

J. ALLIBERT

VÉTÉRINAIRE

Professeur de zootechnie à l'Ecole impériale d'agriculture
de Grignon.

PARIS

LIBRAIRIE CENTRALE D'AGRICULTURE ET DE JARDINAGE

QUAI DES GRANDS-AUGUSTINS, 41.

— **Auguste GOIN**, éditeur. —

1855

AVANT-PROPOS.

La volaille est une partie très-importante de la production générale du pays ; à ce titre, elle mérite, autant que les grandes espèces, qu'on s'occupe de l'améliorer et de la perfectionner. Pour assurer le succès des améliorations et la conservation des perfectionnements obtenus, il est indispensable que les petites espèces, comme la poule, ne soient point détournées du rôle secondaire que leur assignent les conditions économiques qui dominent les spéculations agricoles sur le bétail. Sur ce point essentiel, quelques éclaircissements sont nécessaires et doivent trouver leur place naturelle en tête d'un opuscule destiné à propager des notions, aussi exactes que possible, sur la production de la volaille.

Depuis le *Discours économique* de Choyselat (1569), les poules ont été fréquemment vantées comme pouvant, plus que tous les animaux domestiques, donner des bénéfices considérables lorsqu'on les exploite en grand. Sur la foi de ces recommandations, il s'est fréquemment rencontré des personnes enthousiastes ou peu familiarisées avec l'économie rurale qui ont fondé des établissements exclusivement destinés à la production de la volaille ; toutes, ou peu s'en faut, ont échoué dans ces sortes d'entreprises, et c'est à peine si, aujourd'hui, on pourrait signaler l'existence de quelques-uns de ces établissements.

Sans aucun doute, les petites espèces, en général, et les poules, en particulier, utilisent d'une manière très-profitable la nourriture qu'elles consomment quand elles sont convenablement choisies et entretenues, quand leur nombre, dans une exploitation, ne dépasse pas certaines limites ; mais il faut se garder de conclure, des résultats que donne l'élevage en petit, à ceux que l'on devrait attendre de l'élevage en grand, sous peine de s'exposer à des mécomptes presque constants.

D'après nos recherches et nos observations, les poules exigent en nourriture une ration journalière qui équivaut à environ 12 kilogrammes de foin ou 6 kilogrammes de froment pour 100 kilogrammes de leur poids vivant ; en d'autres termes, 100 kilogrammes de poules consomment, en aliments divers composant leur régime naturel, une quantité qui représente, par jour, la valeur nutritive de 12 kilogrammes de foin ou 6 kilogrammes de froment. Cette *ration* est plus élevée quand la race est plus petite que la race commune, et un peu moindre quand cette race est plus grande. La ration journalière d'un bœuf, d'une vache de taille moyenne rapportée au foin, prise pour terme de comparaison, est seulement de 3 kilogrammes pour 100 kilogrammes de poids ; celle du mouton et du porc est de 5 à 6 kilogrammes. Comme on le voit, les grandes espèces consomment environ quatre fois moins et les moyennes deux fois moins que les poules. Toutefois, cette différence dans la proportion d'aliments consommés par les diverses espèces n'établit nullement que les poules fournissent des produits qui coûtent quatre ou deux fois plus d'aliments que les produits correspondants donnés par les bœufs, les vaches, les moutons, les porcs. En effet, la volaille donne, pendant l'élevage et l'engraissement, un accroissement tel que, pour 1 kilogramme d'augmentation, il faut faire consommer l'équivalent de 10 à 12 kilogrammes de foin ou 5 à 6 kilogrammes de froment ; une poule qui pond cent vingt œufs par an donne également, à très-peu près, 1 kilogramme d'œufs pour une quantité de nourriture équivalente à 6 kilogrammes de froment, et 1 kilogramme d'œufs représente sensiblement, en valeur nutritive, 1 kilogramme de viande. Les grandes espèces ne produisent généralement que 1 kilogramme de viande ou son équivalent pour 18 à 20 kilogrammes de fourrages consommés (1).

En s'en tenant aux rapports entre la valeur nutritive des aliments consommés et la quantité de produits obtenus, il semble que la volaille produit plus que les grandes espèces ; mais il n'en peut être ainsi. C'est la valeur commerciale des denrées qu'il faut considérer. En général, les grains dont il faudrait nourrir des poules confinées ont une valeur commerciale plus grande que leur équivalent en foin, et cette plus-value sera presque toujours assez élevée pour que le prix de revient des produits de la volaille soit égal à celui des produits fournis par les grandes espèces. Ainsi, déjà les produits de la volaille nourrie avec des denrées récoltées et pouvant avoir diverses destinations, coûteront à peu près autant que ceux des grands animaux.

Au contraire, avec la volaille libre dans les cours, dans les rues des villages, se nourrissant de grains et de graines perdus, d'herbe fine, de racines, d'œufs d'insectes, de vermisseaux, de viande même, toutes substances sans valeur, les produits ne coûtent presque que le soin de les récolter. Ces produits, étant toujours les plus nombreux et la base des approvisionnements des marchés, maintiennent les prix à

---

(1) Les renseignements qu'on vient de lire sur l'alimentation de différentes espèces d'animaux se trouvent plus développés encore dans un travail récent publié par l'auteur de ce petit livre, ayant pour titre : *Recherches expérimentales sur l'alimentation et la respiration des animaux*. In-8°. A la Librairie centrale d'agriculture et de jardinage, quai des Grands-Augustins, 41, à Paris.

(Note de l'éditeur.)

des chiffres tellement modérés que les mêmes produits, obtenus avec des denrées récoltées, ne pourraient être vendus, le plus souvent, qu'à des prix inférieurs à leur prix de revient. Par exemple, quand l'avoine vaut 20 fr. les 100 kilogrammes et les œufs 55 fr. le mille ou les 60 kilogrammes, 1 kilogramme d'œufs, représentant 7 kilogrammes d'avoine, se vendrait 95 centimes quand les 7 kilogrammes d'avoine vaudraient 1 fr. 40 c. Une volaille commune, pesant 2 kilogrammes, se vend dans les environs de Paris 3 fr.; le grain qui serait nécessaire pour produire cette volaille représente 12 kilogrammes de froment, valant 4 fr., ou 14 kilogrammes d'avoine, valant 2 fr. 80 c. Où, dans ce cas, le producteur pourrait-il trouver la rémunération de son travail, s'il avait obtenu de tels produits avec des denrées commerciales ? Sans doute les denrées n'atteignent pas, tous les ans, des prix aussi élevés qu'en 1854-1855, mais il suffit que la cherté arrive tous les quatre ou cinq ans pour rendre de telles spéculations sans suite et dès lors peu possibles. On ne peut pas compter sur l'emploi de denrées de qualités inférieures, parce que, si le prix de ces denrées est peu élevé, il n'en reste pas moins, en général, proportionnel à leur valeur nutritive, et les effets qu'on en obtiendra seront en rapport avec cette valeur. On ne peut non plus compter sur les verminières pour alimenter les poules pondeuses ou les volailles préparées pour la vente, car l'abus, ou même simplement des proportions un peu fortes des aliments ainsi obtenus ne manqueraient pas de donner aux produits des qualités qui les feraient bientôt déprécier sur les marchés.

Si, malgré les causes qui viennent d'être signalées, l'élevage en grand de la volaille paraissait néanmoins possible, conséquemment lucratif, il faudrait encore compter avec les influences résultant de l'agglomération d'un grand nombre de têtes dans un local nécessairement circonscrit.

Par mesure d'économie, et pour simplifier le plus possible toutes les opérations qui se rapportent à la spéculation, on sera amené à nourrir les animaux uniquement avec les grains, à négliger les autres parties du régime, qui compliqueraient le travail, augmenteraient les dépenses ; l'uniformité du régime amènera, il faut y compter, une diminution dans les produits. Outre cette diminution, les insuccès dans l'incubation et l'élevage, la mortalité, prendront des proportions imprévues, et ces pertes seront d'autant plus sensibles qu'elles représenteront une valeur déboursée, tandis que, dans le mode habituel d'entretien, c'est à peine si on y fait attention. Enfin, la vermine, déjà si commune sur la volaille libre, pullullera parmi la volaille confinée, et ne sera pas une des moindres causes capables d'en compromettre l'existence ; il pourra également arriver que des maladies contagieuses, des maladies inconnues jusqu'alors, se déclarent dans le troupeau, le déciment ou même le détruisent en entier.

Voyez ce qui se passe pour le ver à soie, dont l'éducation est une des spéculations les plus simples : quelques chenilles, placées dans une armoire ou dans une boîte, réussissent à merveille, pourvu qu'on leur fournisse en quantité suffisante la feuille de mûrier, qui est leur unique aliment ; mais confinez ces animaux par centaines de mille dans un local construit et meublé *ad hoc*, alors il faut une expérience consommée, des soins sans nombre pour conduire à bien cette grande éducation, et encore n'y réussit-on qu'environ trois fois sur quatre.

Les personnes riches qui élèvent de la volaille confinée en petits troupeaux, pour l'usage de leur maison, peuvent trouver à ce procédé l'avantage d'obtenir des produits dont les qualités leur sont parfaitement connues et une distraction agréable à faire naître elles-mêmes ces produits. Dans ce cas particulier, nous sommes convaincu que, si l'on établissait le calcul rigoureux des prix de revient de ces produits, il resterait démontré qu'on les aurait obtenus à des conditions plus avantageuses sur les marchés.

Les faits observés et les considérations précédemment résumées nous amènent donc aux conclusions suivantes :

I. Dans les conditions économiques actuelles, l'élevage en grand des poules est une opération qui offre rarement des chances de succès.

II. L'entretien de ces volatiles est, au contraire, lucratif quand ils peuvent se nourrir avec des aliments qu'ils récoltent eux-mêmes, et qui n'ont d'utilité que par leur intermédiaire : telle est la condition commune.

III. Les denrées récoltées consommées par les poules, comme adjuvant du régime naturel, sont ordinairement bien payées par le surcroît des produits qu'on obtient ; dans le cas d'engraissement de volailles de haut prix, on tire bon profit des grains employés à cette opération.

GUIDE DE L'ÉLEVEUR

DE

POULES, POULETS, ETC.

CHAPITRE Ier.

Notions zoologiques.

Le coq est un oiseau de l'ordre des gallinacés et de la famille des faisans ; il forme le type d'un genre dont les caractères sont : un bec médiocre, fort, dont la mandibule supérieure est renflée, courbée vers la pointe, propre au régime granivore ; la tête surmontée d'une crête simple ou double, unie ou dentelée, et quelquefois d'une huppe ; les joues nues ; la mandibule inférieure portant à sa base deux *barbillons* plus ou moins développés, de même couleur que la crête ; les tarses, vulgairement les jambes, sont robustes, ordinairement nus, munis du côté interne chez le mâle d'un éperon long et retroussé, qu'on appelle aussi quelquefois *ergot;* les trois doigts antérieurs sont réunis à leur base par une courte membrane qui ne dépasse pas la première articulation. Ailes courtes, concaves et étagées, ne permettant qu'un vol lourd et peu étendu.

La poule diffère du coq par son volume, qui est moindre d'environ un tiers, son plumage moins brillant, les plumes de la queue droites, la crête et les barbillons moins développés, et par l'absence d'éperons aux pattes.

Ces animaux ont la structure générale des autres oiseaux et en particulier celle des gallinacés. Leur appareil digestif comprend :

A. La *bouche* ou bec renfermant une langue cornée à son extrémité.

B. L'œsophage renflé à l'entrée de la poitrine pour former le *jabot,* où les aliments séjournent pendant quelque temps.

C. Le ventricule *succenturié*, placé dans la poitrine et dont les parois sécrètent le *suc gastrique* servant à la digestion des aliments.

D. Le *gésier*, situé dans l'abdomen en arrière du foie : c'est le véritable estomac des oiseaux où s'accomplit la trituration des aliments et commence la digestion. Dans l'espèce qui nous occupe, cet organe est particulièrement doué d'une grande puissance résultant des deux forts muscles qui entrent dans la composition de ses parois, de la tunique calleuse qui le tapisse intérieurement et des graviers siliceux qu'il renferme constamment. Le rôle de ces graviers est de remplacer les dents ; mis en mouvement par les muscles du gésier, ils frottent et pressent sur les aliments, les triturent, les écrasent et les désagrégent. Aussi est-il bien connu que le verre, les métaux les plus durs, sont fortement attaqués après quelque temps de séjour dans cet estomac.

E. *L'intestin grêle* commence au gésier et finit au colon.

F. Le foie sécrète la bile et la verse par le canal biliaire dans l'intestin grêle, à peu de distance du gésier.

G. Le pancréas, placé dans la membrane qui soutient l'intestin, sécrète le liquide *pancréatique* et le déverse également dans l'intestin grêle : ce liquide a pour fonction d'opérer la dissolution des matières grasses contenues dans les aliments et de les mettre en état d'être absorbées par les vaisseaux de l'intestin.

H. Les *deux cœcum*, longs de 15 à 18 centimètres, s'abouchant sur le colon au point de sa jonction avec l'intestin grêle.

I. Le *colon*, dernière partie de l'intestin, s'ouvre et se termine dans le cloaque. Il contient les excréments, c'est-à-dire le résidu de la digestion.

J. Le *cloaque*, mieux nommé vestibule *génito-excrémentitiel*, est situé sous le croupion et confondu à tort avec l'*anus* des mammifères ; c'est une cavité peu étendue en longueur, très-dilatable et contractile, dans laquelle aboutissent, outre l'extrémité de l'intestin, qui est le véritable anus des oiseaux, les deux *urétères*, ou canaux conducteurs de l'urine, les deux *canaux efférents*, ou conducteurs de la semence chez le mâle, et l'*oviducte*, ou canal conducteur des œufs, chez la femelle. Les excréments et l'urine pâteuse des oiseaux ne font que franchir le cloaque, mais n'y séjournent pas.

Digestion. — Les aliments sont saisis à l'aide du bec et aussitôt avalés sans mastication, puisqu'il n'existe pas de dents chez les oiseaux ; ils s'arrêtent dans le jabot, y séjournent pendant quelque temps et s'y ramollissent au contact d'une petite quantité de salive et de mucus ; ils passent ensuite dans le gésier en traversant le ventricule succenturié ; pendant leur séjour dans le gésier, ils sont triturés, désorganisés et pénétrés par le suc que fournit le ventricule succenturié ; ce suc en dissout, liquéfie certaines substances nutritives, qui dès lors sont en état d'être absorbées. L'action du gésier étant achevée, les aliments sont poussés dans l'intestin et se mêlent en y pénétrant à la bile et au liquide pancréatique ; ce dernier liquide agissant sur les matières grasses en les rendant miscibles à l'eau, les aliments ne forment plus dès ce moment qu'une bouillie claire, plus ou moins colorée, et qui, en parcourant l'intestin , est dépouillée des matières nutritives qu'elle contient par les extrémités des vaisseaux chylifères et des veines contenues dans la muqueuse intestinale. Les substances nutritives ainsi puisées dans l'intestin sont transportées dans le sang pour servir à l'entretien de la vie ou à l'accroissement du corps. Les parties des aliments qui n'ont pu être absorbées s'accumulent dans la dernière partie de l'intestin et constituent les excréments, qui ne tardent pas à être expulsés.

Par la structure de son bec, la puissance de son gésier et l'étendue de son intestin, le coq est évidemment prédestiné à se nourrir de grains et de substances végétales ; aussi les préfère-t-il généralement aux substances animales.

Le coq est polygame ; ses femelles nichent à terre, se construisent un nid sans art, y pondent un grand nombre d'œufs, les couvent avec sollicitude, et leurs petits éclosent munis d'un duvet abondant, courent aussitôt et mangent seuls sous la conduite de la mère.

CHAPITRE II.

Races de Poules.

Le coq est originaire d'Asie : c'est un fait prouvé par l'existence, à l'état sauvage, de différentes espèces de ces oiseaux dans les îles de la Sonde, les Philippines, les Indes, le Japon, etc. Sa domestication remonte à une époque dont l'antiquité n'a pu être déterminée. Il est certainement très-voisin du faisan, avec lequel il donne des produits inféconds.

des mulets. Les naturalistes en reconnaissent une dizaine d'espèces sauvages, qui ont entre elles une grande ressemblance, dont plusieurs sont domestiques en différentes contrées du globe, et sont la souche des diverses races plus ou moins répandues.

Les races les plus dignes d'attention au point de vue de leur utilité sont les suivantes :

1° La race *commune, domestique;* c'est la plus répandue en France ; elle est de moyenne grosseur, petite dans les lieux où elle se propage sans soins, grande où l'on s'est occupé de son amélioration; son plumage est des plus variés, tantôt maillé de blanc, de jaune, de gris et de noir, tantôt uniformément blanc ou noir ; la queue forte, relevée et bien fournie ; la crête simple ou double ; les oreillons et les barbillons grands ; les pattes ordinairement nues, recouvertes d'écailles bleuâtres ; la peau et la chair blanches ; les œufs blancs, du poids moyen de 60 grammes.

Dans la race commune, le coq est d'environ un quart plus grand que la poule ; il porte une crête très-grande ; son cou est couvert d'une sorte de camail formé de plumes longues, à reflets brillants, métalliques, de diverses nuances ; sa queue est abondamment garnie de plumes brillantes, dont plusieurs, latérales, sont longues et arquées.

Les sujets de cette race sont actifs, habiles à chercher leur nourriture, grattent beaucoup les fumiers et la terre, volent bien, s'éloignent quelquefois trop des habitations, et, à cause de ces aptitudes, causent souvent des dégâts importants dans les cultures, les jardins, les treilles. Les poules pondent passablement, sont attentives pour leurs couvées dont elles ne se séparent que fort tard. L'aptitude à l'engraissement est médiocre, mais la viande est de bonne qualité. Ces animaux deviennent assez facilement sauvages quand ils sont élevés dans le voisinage des bois ;

2° La *poule huppée de Crève-Cœur*, recommandée avec raison par divers éleveurs et auteurs, n'est probablement qu'une sous-race de la poule commune. Les animaux de cette race ont une taille d'environ 40 centimètres de hauteur ; leur longueur, mesurée de la nuque au bout de la queue, est de 70 centimètres ; ils sont bas sur jambes, ont les articulations grêles, la peau blanche, le bec droit, noir, ainsi que les jambes et les pattes ; ces dernières parties sont dépourvues d'éperon et de bouton. Leur plumage est d'un beau noir ; leur tête, forte, est ornée d'une huppe bien fournie, formée de plumes légères, effilées, qui blanchissent progressivement avec l'âge ; la crête est transversale, bifurquée dans les deux sexes, et implantée en avant, près de la base du bec ; cette partie est petite dans la poule, grande chez le coq, où des prolongements latéraux la relient aux barbillons. Le coq diffère encore de la poule par les plumes de la huppe, du cou, du dos, des ailes et de la queue, plus longues, effilées, maillées et nuancées de reflets dorés, argentés ou cuivrés.

Les poules de Crève-Cœur sont familières, habiles à chercher leur nourriture, pondent beaucoup, et leurs œufs atteignent un poids d'environ 90 grammes; elles sont peu couveuses et ne conservent leur fécondité que deux ans (Jonhson); convenablement alimentées, elles peuvent atteindre le poids de 4 kilogrammes; leur engraissement est facile, leur chair est fine et délicate, bien pénétrée de graisse dans toutes les parties; elles peuvent être transformées en poulardes vers l'âge de deux mois et demi, et sont, dans tous les cas, payées des prix très-élevés sur les marchés de Paris.

Les volailles de la Sarthe, de la Bresse (Ain) et de Barbezieux (Charente) paraissent pouvoir être rapportées à la race commune. Ce sont des animaux grandis, améliorés et rendus plus précoces par des soins soutenus; ils peuvent facilement acquérir un poids de 4 kilogrammes à la fin de l'engraissement, pour lequel, du reste, ils ont une grande propension;

3° La *poule de Combat, dorée et argentée.* Cette race, originaire d'Angleterre, est répandue en Belgique et en Hollande. Elle se distingue par une taille moyenne, une tête fine sans huppe, portant une crête simple et des barbillons médiocres; une peau blanche, des tarses dépourvus de plumes, recouverts d'une peau de couleur brun verdâtre, armées, chez le coq, d'éperons forts et acérés, qui sont réduits, dans la poule, à un simple bouton; le fond du plumage est jaune bistre; le coq porte les grandes plumes du croupion pointillées de blanc, argentées et dorées; celles qui couvrent les ailes sont nuancées de reflets métalliques vifs, dorés et argentés, et celles qui sont flottantes de chaque côté de la queue ont une nuance noire cuivrée.

Les animaux de cette race ont un caractère belliqueux et indépendant : le coq veut régner en maître dans la basse-cour ; la poule a la réputation d'être une couveuse parfaite, une mère dévouée, vigilante, jalouse de son autorité sur sa couvée, qu'elle dirige jusqu'à l'entier accroissement des petits; elle pond médiocrement. Les deux sexes fournissent une viande fine et délicate, leur aptitude à l'engraissement est peu prononcée ;

4º La *poule de Cochinchine* est une race très-distincte, dont le type spécifique est le Jago (coq géant), suivant M. Gérard. Cette race, déjà très-répandue en France, est plus grande que les précédentes; sa longueur, du bec au croupion mesure 80 centimètres. Elle a pour caractères distinctifs : la peau de couleur légèrement jaune; le bec jaunâtre dans la jeunesse ; les tarses couverts en avant d'écailles jaunes, en arrière d'une ligne rouge nuancée de jaune et garnie de plumes légères soyeuses (duvet) d'égale longueur; le doigt externe très-court, pourvu seulement d'un ongle rudimentaire; celui du milieu très-long, l'interne court.

Le plumage des cochinchinoises est de la nuance jaunâtre qu'on nomme chamois; les plumes qui le composent sont généralement courtes, grêles, à barbes désunies ; d'où il résulte que les attaches des ailes, des membres et de la queue sont mal dissimulées, ce qui donne à ces animaux un aspect décousu ; quelquefois toutes les plumes restent à l'état de duvet, et l'animal paraît couvert de poil. Le coq diffère peu de la poule sous le rapport du plumage ; les plumes du camail, des ailes, du dos et de la queue, dont le grand développement forme bien des attributs du mâle dans les autres races, restent courtes, grêles, à barbes plus ou moins écartées, et couvrent mal les parties environnantes du corps des coqs cochinchinois ; la tête est médiocre, couverte de très-petites plumes un peu plus foncées que celles du corps ; le cou est long, les ailes courtes, les pattes longues et fortes, l'ossature grosse, le corps large et cubique, fourni de masses musculaires bien développées sous la poitrine et sur les cuisses ; la crête est simple, dentelée, les barbillons sont courts ; ces appendices, petits dans les deux sexes, se développent tardivement chez le coq ; celui-ci a le chant grave et rauque.

Les poules cochinchinoises sont des bêtes douces, tranquilles, très-sédentaires, faciles à diriger et à nourrir, grattant peu et volant difficilement ; leurs dégâts sont rarement à craindre, excepté à l'égard de la vigne dont elles recherchent les bourgeons ; elles pondent de 150 à 180 œufs, à coque d'un jaune rosé, très-épaisse, petits à la vérité, mais d'un goût fin supérieur à celui des œufs des autres races ; leur ponte s'accomplit ordinairement par série de seize œufs, et les séries se répètent jusqu'à dix fois dans le courant d'une année. Après la ponte de chaque série, la poule cherche à couver; aussi est-elle considérée comme la race la plus couveuse que l'on connaisse. Suivant les observations de Mme Passy, on peut obtenir d'une cochinchinoise quatre et cinq couvées de suite sans que sa santé soit notablement altérée. Leur désir de couver est tellement prononcé que souvent on éprouve quelques difficultés à le faire cesser; quand on leur permet de satisfaire ce penchant, elles se montrent adroites, attentives, et très-soigneuses pour leurs œufs et leurs poussins; mais elles abandonnent ces derniers quand ils ont atteint l'âge de cinq ou six semaines, et recommencent à pondre. Ces qualités rendent cette race particulièrement recommandable pour l'élevage et pour les couvées d'hiver ou les couvées précoces.

Le coq cochinchinois n'atteint l'âge de puberté que fort tard, ainsi que l'indique la tardive apparition des caroncules de la tête; il est poltron, peu galant pour les poules, et médiocrement prolifique; d'où résulte l'indication de laisser dans un troupeau de cochinchinoises un nombre de mâles double de celui qui convient pour les autres races, si l'on veut être certain de la fécondité de tous les œufs.

Dans cette race, l'aptitude à l'engraissement est médiocre; la chair est un peu inférieure en qualité à celle des races précédentes; en compensation, l'accroissement est rapide, et les femelles adultes et maigres pèsent ordinairement 2 kilogrammes et demi. Enfin, une autre aptitude des cochinchinoises est de transmettre, avec beaucoup d'intensité, leurs caractères particuliers par la génération, lorsqu'on les croise avec d'autres races.

5° La race nommée *poule du Gange*, élevée et observée par M. Jonhson, se recommande par la grande taille qu'elle peut atteindre, par son aptitude à engraisser, à être convertie en chapon et à pondre. Le plumage en est blanc de lait ; la tête, couverte de plumes, dépourvue de barbillons sous la mandibule inférieure, porte une crête qui se prolonge, par sa base, sur les joues. Les jambes sont longues, jaune paille, armées d'un éperon relevé et dépourvues de plumes ou de duvet.

La plupart des autres races de poules n'ayant que des qualités équivoques ou peu connues, il nous paraît superflu de les signaler ici avec détails ; telles sont :

La *Dorking argentée*,

La *poule naine*,

Id. *andalouse*,

Id. *de Bruges*,

Id. *de Jérusalem* (coq turc),

Id. *de Bantam* (Bantam cock),

Le *coq à duvet* (poule soie du Japon),

Le *coq nègre*, crête, peau et périoste noirs ;

Le *coq crêpu*, à plumes renversées, du midi de l'Asie.

CHAPITRE III.

Choix de la race et soins généraux.

Quoique la volaille ne puisse occuper qu'un rang très-secondaire parmi les spéculations des agriculculteurs, on n'en doit pas moins apporter une sérieuse attention à son choix, à son amélioration et à l'économie de son entretien. Les profits qu'elle donnera dépendront surtout du discernement avec lequel on fera le choix de la race qui, par ses qualités et ses aptitudes, convient le mieux aux circonstances où l'on est placé, des conditions hygiéniques où elle sera maintenue, de la persistance que l'on mettra dans la poursuite de son amélioration.

Choix de la race. — Les poules donnent pour produits des œufs et de la viande ; leur fumier est un agent fertilisateur d'une grande puissance, mais la faible quantité qu'on en obtient ne permet guère de le compter comme une production de quelque importance.

Dans beaucoup de localités, les œufs et la viande sont des produits dont l'écoulement est également facile. Une race qui ait une bonne taille, qui ponde bien et qui engraisse avec une certaine facilité est alors celle qui convient et que, le plus souvent, on trouve autour de soi. La race de Normandie et celle de Crève Cœur se recommandent pour cette condition. Ces races demandent peu de soins particuliers pour être maintenues ce qu'elles sont ; elles réclament seulement une nourriture abondante, variée, qui pousse les individus féconds à la ponte et qui puisse tenir en chair ceux que l'on veut engraisser.

Si l'on est placé dans un pays où les œufs sont le principal produit de la volaille, cette circonstance commande l'adoption d'une race bonne pondeuse et les soins qui doivent maintenir et développer cette qualité. Dans ce but, on devra prendre pour règle d'éliminer du troupeau les mauvaises et les médiocres pondeuses et de n'élever que des poussins provenant des meilleures poules.

Dans les contrées telles que la Bresse (Ain), les départements de la Sarthe et de la Mayenne, qui sont en possession de faire de la volaille de luxe, il y aura ordinairement avantage à adopter cette spéculation, à cause des débouchés ouverts par la réputation de ces produits. Les améliorations à poursuivre dans ce cas doivent tendre à grandir la taille, à augmenter la rapidité de l'accroissement, la précocité et, par conséquent, l'aptitude à l'engraissement. Ces résultats s'obtiennent par l'élevage de poussins provenant d'œufs fécondés et pondus par de *jeunes bêtes ;* un régime approprié et abondant fera le reste.

Les améliorations dans la volaille, comme dans les autres espèces, ne s'obtiennent d'une manière certaine qu'autant qu'on les dirige vers un but unique, qu'autant qu'on ne poursuit la fixation que d'une seule qualité éminente. Chercher dans une race ou dans des individus deux ou plusieurs aptitudes très-développées, c'est poursuivre une chimère ; car les soins et le régime qui peuvent développer une de ces aptitudes tendent précisément à la diminution ou à l'abolition des autres.

En général, les grosses races ont l'avantage sur les petites ; elles consomment un peu moins, produisent autant sinon plus, sont plus calmes, ont les mouvements plus lents, sont moins coureuses, plus sédentaires, plus faciles à contenir et, par conséquent, leurs dégâts autour des habitations sont moins à craindre.

Quelle que soit la race que l'on possède ou que l'on adopte, il importe de choisir, pour la reproduction et le repeuplement, des sujets qui possèdent, outre les caractères de la race, une bonne conformation et donnent tous les signes de la santé et de la vigueur.

Le coq doit être fort, alerte, vigoureux, plein d'attention pour les poules et très-prolifique. Il doit avoir une ossature moyenne, les jambes et les ailes courtes, la poitrine ample, le cou court, le dos et le croupion larges, la crête et les barbillons bien développés, le plumage brillant.

Les meilleures poules sont basses sur jambes, ont la poitrine grande, le dos large et long, le ventre volumineux, le croupion évasé ; elles devront être dépourvues de huppe, si la race n'en comporte pas.

Quand on élève pour l'engraissement, la conformation a plus d'importance que lorsqu'on élève pour les œufs ou pour les deux produits à la fois.

Dans un petit troupeau de poules entretenues pour la ponte, le coq n'est pas indispensable, puisqu'elles pondent quoiqu'elles n'aient pas été fécondées. Il n'est pas démontré que ce célibat diminue la production des œufs : on peut néanmoins présumer que le contact d'un coq excite la ponte, en donnant satisfaction aux besoins de la reproduction. L'expérience a fait connaître qu'un bon coq suffit à douze poules environ.

Le coq est apte à la reproduction dès l'âge de trois mois. Si l'on apporte quelques soins à la reproduction de la race, il est tout simple de séparer les jeunes mâles des poules, afin de n'être pas exposé à faire couver des œufs fécondés par des mâles dont les qualités ne sont pas encore connues.

Il faut, en général, réformer les pondeuses vers cinq ou six ans, âge où leur fécondité diminue. Beaucoup de vieilles poules ayant cessé de pondre, prennent certaines allures masculines et imitent le chant du coq. Que les poules deviennent chanteuses par vieillesse, par stérilité ou par toute autre cause, elles doivent être réformées. Celles qui sont hargneuses, querelleuses, méritent le même sort; car elles nuisent aux bonnes et sont elles-mêmes mauvaises ou médiocres par tempérament.

Les coqs d'une basse-cour sont très-jaloux de leur

empire ; ils ne tolèrent que ceux qui sont nés et élevés dans le troupeau. Si un rival étranger se présente, le maître du logis lui livre combat jusqu'à ce que l'un des combattants soit vaincu ou tué. Cet instinct rend l'introduction d'un coq très-difficile, sans la réforme de l'ancien. Souvent les poules ne sont pas plus pacifiques; on en a vu battre et tuer le mâle qu'on leur avait donné, quoiqu'elles en fussent privées depuis longtemps.

Il arrive souvent qu'elles ne souffrent pas au milieu d'elles des blessées ou des malades ; alors elles les battent et les tuent, habitude singulière, mais commune à d'autres espèces. Il est donc essentiel de retirer du troupeau les sujets blessés ou malades, pour les soigner et les mettre à l'abri des coups de leurs congénères.

Les climats, les lieux secs et chauds sont toujours plus favorables aux poules que les conditions opposées. L'habitation dans des lieux humides diminue leurs produits et nuit à leur constitution.

Une alimentation insuffisante, la mauvaise tenue des poulaillers, l'envahissement de la vermine, les souffrances de n'importe quelle nature, font promptement dépérir la volaille et rendent ses produits nuls.

CHAPITRE IV.

Du Poulailler.

Le poulailler est le local destiné au logement des poules. Ses dimensions doivent être proportionnées à la quantité de volaille que l'on veut y loger; trop étroit, les animaux souffrent de l'entassement; trop grand, le froid devient nuisible à la ponte d'hiver.

L'exposition à l'est est celle qui convient le mieux au poulailler, la volaille étant toujours très-matinale; l'exposition au sud est préférable à celles de l'ouest et du nord, qui sont plus ou moins mauvaises, suivant la disposition des lieux environnants.

Si l'on ne peut séparer le poulailler des écuries ou des étables, on devra du moins éviter qu'il ait des communications intérieures avec ces habitations; l'oubli de cette précaution est souvent cause que la vermine de la volaille, les poux, envahissent les chevaux plus particulièrement et déterminent des démangeaisons qui les font promptement maigrir.

Dans les fermes ou dans les maisons de quelque importance, on possède, outre les poules, des canards, des oies, des dindons, etc.; à l'aide de dispositions très-simples, on peut ménager dans un poulailler des abris pour tous ces oiseaux. Il suffit pour cela que le poulailler soit divisé, par une cloison ou un mur de refend, en deux parties contiguës. La première partie, ou poulailler proprement dit, se compose : 1° d'un rez-de-chaussée, ayant sous plafond 1 à 2 mètres seulement, destiné à recevoir les oies et les canards, qui ne juchent pas ; 2° d'un premier étage, de telle hauteur qu'on voudra, qui sera affecté aux poules. L'autre partie du bâtiment devra être réservée pour la chambre d'incubation, dont la hauteur sous plafond devra être au moins de 2 mètres; au-dessus de cette chambre, rien n'est plus facile que de se ménager un pigeonnier. Ces différentes pièces doivent être percées de portes et de fenêtres disposées pour obtenir un aérage complet lorsque le besoin s'en fera sentir. Il n'est pas moins essentiel que les portes ferment convenablement, et que les fenêtres soient grillées et pourvues d'auvents, tant pour prévenir l'accès dans les poulaillers des animaux destructeurs (fouines, belettes, putois, chats), que pour clore ces habitations pendant les temps froids.

Le rez-de chaussée, destiné aux palmipèdes, n'a besoin d'aucun ameublement; une couche de sable ou de marne en forme la litière, qu'on renouvelle de temps à autre. La porte peut être une simple grille en fil de fer ou une toile métallique.

L'étage, destiné aux poules, doit être pourvu de juchoirs et de nids pour les pondeuses. Les juchoirs sont formés de barreaux de bois arrondis, ayant un diamètre de 3 à 4 centimètres; on les fixe dans les deux parois opposées du poulailler, à environ 25 centimètres les uns au-dessus des autres, de manière que leur ensemble représente une large échelle inclinée d'environ 45 degrés. Ces juchoirs sont ainsi à une distance de 33 centimètres les uns des autres, et les excréments des poules qui se fixent sur l'un de ces barreaux ne peuvent tomber sur celles qui sont juchées au-dessous. Un poulailler dont les juchoirs sont ainsi disposés peut contenir de quinze à vingt poules par mètre carré de son sol.

Les nids sont placés dans des niches ménagées dans les murs ou dans des paniers que l'on accroche aux parois à l'aide de clous. Lorsque des niches ont été pratiquées dans les murs pour recevoir les nids, elles doivent être complétées par un rebord élevé de 8 à 10 centimètres, en bois ou en plâtre, afin de retenir la paille froissée dont on les garnit.

Quand les niches n'existent pas, on peut se procurer des nids très-économiques de la manière suivante : on prend une gaule, bien flexible, de coudrier ou de châtaignier, longue d'environ 1 mètre 80 centimètres ; avec sa partie moyenne, on forme un ovale dont le grand diamètre ait environ 45 centimètres. On fixe l'entre-croisement des bouts par une ligature croisée ; puis ces bouts, ayant encore une longueur d'environ 33 centimètres, sont recourbés au devant du plan de l'ovale. On a obtenu ainsi le squelette d'un panier demi-sphérique, formant avec son anse une sorte de petite hotte ; il ne reste plus qu'à relier solidement ce squelette, dans la position indiquée, avec une tresse ou un cordon de paille, en procédant de la croisure au bord, ainsi que cela se pratique pour ses analogues. Chaque panier, étant garni intérieurement d'une poignée de paille froissée, forme un nid que l'on accroche à l'intérieur du poulailler.

Il est essentiel que les nids soient d'un facile accès pour les poules; ils doivent être pourvus d'un couvercle que l'on ferme pendant la nuit, afin d'empêcher les poules de se jucher dessus et de les souiller de leurs ordures. La paille dont ils sont formés devra être souvent renouvelée pour empêcher la vermine d'y pulluler.

La porte du poulailler, devant fermer à clef et rester presque constamment close afin d'être à l'abri des vols d'œufs, est échancrée dans le bas d'une ouverture suffisamment grande pour le passage d'une poule; cette ouverture est pourvue d'une petite porte à coulisse que l'on ouvre le matin et que l'on ferme le soir après que toute la volaille est rentrée.

Afin que les poules puissent arriver sans peine à leur logement, on établit, extérieurement, de la porte du poulailler à terre, un plan incliné formé d'une planche sur laquelle ont été cloués, en travers, des bouts de latte; cette espèce d'escalier est adossé et fixé au mur par l'un de ses côtés et fortement incliné.

On devra nettoyer le poulailler d'autant plus souvent que la quantité de poules qui l'habitent est plus grande. Cette opération sera rendue bien facile si le sol en est uni, imperméable et incliné, si les parois en sont crépies et sans excavations. Lorsque la vermine envahit la volaille, on peut presque toujours l'en débarrasser par les soins de propreté donnés au poulailler; dans ce cas, les lavages, les fumigations sulfureuses, le blanchiment à la chaux pourront être d'un grand secours.

La chambre d'incubation sert non-seulement aux couveuses, mais aussi à l'engraissement. Sa situation au rez-de-chaussée est indispensable pour la facilité du service, pour la sortie et la rentrée des poussins et des couveuses, et sa porte doit, comme celle du poulailler, être percée d'une petite trappe à la partie inférieure fermant de la même manière. Son ameublement se compose d'épinettes pour l'engraissement, de mues pour l'élevage des poussins, de caisses ou de paniers à nids pour les couveuses, et de mères artificielles.

Si la disposition et l'étendue des lieux permet de ménager au devant du poulailler une cour réservée exclusivement à la volaille, ce sera une circonstance très-favorable à la surveillance, aux soins que réclame ce petit bétail. Cette cour sera enclose d'un treillage serré, ou mieux d'une grille en fil de fer, de la hauteur de 1 mètre 50 centimètres à 2 mètres; au moyen de la même clôture, on la divisera intérieurement en deux parties correspondantes, l'une au poulailler, l'autre à la chambre d'incubation. Elle permettra de retenir la volaille dans certains moments, de la compter, de s'emparer facilement de certains sujets ou de les retenir, d'abriter les poussins et les couveuses, de leur distribuer la nourriture qu'on leur réserve, d'alimenter d'une manière spéciale les bêtes à l'engrais, etc. Une bonne pratique sera de tenir le sol de cette cour propre et couvert de sable grossier dans lequel les poules aiment à se vautrer et dont elles mangent quelques grains.

Lorsque la cour sera suffisamment vaste, on pourra y planter quelques mûriers et quelques acacias qui donneront à la volaille un ombrage contre les ardeurs du soleil d'été, en même temps que des feuilles et des fruits dont elle est assez friande ; quelques parties pourront aussi être plantées en gazon. Cette cour doit encore posséder, soit les baquets, soit le réservoir ou la fontaine destinés à abreuver les oiseaux qui l'habitent, et enfin le juchoir extérieur, nécessaire aux dindons.

CHAPITRE V.

Reproduction.

Personne n'ignore que les oiseaux se reproduisent par des œufs, qu'ils sont *ovipares.*

De l'œuf. — Les œufs de cette classe d'animaux renferment dans la coque calcaire qui leur sert d'enveloppe protectrice une masse centrale sphérique, nommée *vitellus* ou *jaune* : c'est sur un point de la superficie de cette partie que l'on aperçoit la *vésicule germinative*, le germe, dans les œufs qui ont été fécondés. Le jaune est entouré de l'*albumen*, plus connu sous le nom de *blanc*, de *glaire*; le tout est contenu dans la *membrane coquillière;* dans le gros bout de l'œuf se remarque, entre l'albumen et la coquille, un espace plus ou moins grand rempli d'air, et que l'on appelle *chambre à air.*

Les œufs de poule pèsent en moyenne 60 grammes; la coquille et sa membrane pèsent 6 grammes, le jaune 20 et l'albumen 34.

Le vitellus et l'albumen ont pour destination naturelle de servir au développement du germe, c'est-à-dire à la formation du petit oiseau, lorsque l'œuf, étant pondu, se trouve placé dans certaines conditions de température, de repos et d'aération.

Appareil sexuel de la poule. — Les œufs commencent à se former dans l'*ovaire* et sont complétés dans l'*oviducte.*

Les oiseaux, conséquemment les poules, n'ont qu'un seul ovaire, quoique primitivement ils en possèdent deux : l'ovaire gauche prend seul assez de développement pour sécréter des *ovules.* Il est attaché à la partie supérieure de la cavité du ventre et flotte à gauche au niveau du gésier. Cet organe a la forme d'une grappe dont les grains nombreux, plus ou moins pédiculés, ont un volume qui varie depuis les dimensions d'un jaune ordinaire jusqu'à la plus extrême petitesse. Dans les poules qui pondent ou qui sont près de pondre, on trouve toujours un certain nombre de ces grains très-volumineux, qui n'existent pas dans les jeunes et dans celles dont la ponte est suspendue ou arrêtée.

Chaque grain de l'ovaire renferme une vésicule sphérique, l'*ovule*, le vitellus qui, étant arrivé à sa maturité, rompt l'enveloppe par laquelle il fait partie de l'ovaire et s'en détache.

L'oviducte est un long canal flexueux aussi placé dans la cavité du ventre, et soutenu d'avant en arrière, de l'ovaire au cloaque. Son extrémité antérieure est évasée au-dessous de l'ovaire en forme d'entonnoir ou de pavillon, et ainsi disposée pour recevoir les ovules à mesure qu'ils se détachent. Le canal de l'oviducte augmente progressivement de diamètre d'avant en arrière, afin d'offrir à l'œuf qui doit le parcourir un espace de plus en plus grand. Il se termine au cloaque par une sorte de bourrelet dilatable, de sphincter, que l'œuf achevé doit franchir lorsque les efforts de la poule le poussent fortement au dehors; et, comme le cloaque est dilaté en même temps, l'œuf ne s'arrête jamais dans ce vestibule.

L'oviducte a une double fonction : il est le canal qui transporte la liqueur séminale du cloaque à l'ovaire pour la fécondation des ovules ; lorsque les ovules, fécondés ou non, se détachent de l'ovaire, ils sont recueillis par l'oviducte et portés par un mouvement lent vers le cloaque; pendant ce transport, le vitellus s'entoure d'abord de l'albumen, qui est sécrété par les parois de l'oviducte; puis dans la dernière portion de ce canal, l'œuf se recouvre de sa coque, qui est aussi un produit sécrété.

Appareil sexuel du mâle. — Cet appareil est, comme chez la poule, tout entier situé dans l'abdomen. Il comprend : 1° les deux testicules, corps ovoïdes, blanchâtres, lisses, dont la forme se rapproche de celle d'un gros haricot renflé ; ils sont suspendus dans la partie antérieure du ventre de chaque côté du gésier, l'un à gauche, l'autre à droite. Leur volume est toujours plus considérable à l'époque des amours qu'en tout autre temps.

2° Les deux canaux efférents, un pour chaque testicule. Ces canaux sont grêles, partent de la partie supérieure des testicules, forment des inflexions très-multipliées et très-rapprochées et se dirigent en arrière vers le cloaque, dans lequel ils s'ouvrent à la base d'un tubercule que l'on regarde comme un rudiment de verge. Les canaux efférents transportent au dehors la liqueur séminale que sécrètent les testicules.

De la ponte. — La poule et le coq sont ordinairement aptes à se reproduire vers l'âge de six mois. C'est à cet âge que commencent à pondre les poulettes nées en mars ou avril ; celles qui sont écloses plus tard ne pondent guère que vers la fin de janvier ou au printemps suivant.

Chez ces animaux, comme chez la plupart des autres, les fonctions de reproduction ne s'établissent que lorsque les sujets ont acquis leur accroissement presque complet, et lorsque les circonstances de température, de santé et d'alimentation sont favorables.

Signes extérieurs de la puberté et de la ponte. — L'époque de la ponte s'annonce chez la poule par l'état brillant du plumage qui indique la vigueur et la santé, et par les changements qui surviennent dans les appendices qui ornent sa tête, la crête, les barbillons et les oreillons. Aux approches de la ponte, la crête et les barbillons semblent s'accroître, deviennent fermes, érigés, et perdent leur couleur livide pour devenir d'une belle couleur écarlate; l'oreillon, ou *disque auriculaire*, devient d'un beau blanc mat dans sa partie plane et son bord se colore en rouge comme la crête. Des changements plus importants s'opèrent dans les organes sexuels : le sang dérivé en abondance vers ces organes y porte ses matériaux de nutrition; les ovules s'accroissent avec rapidité, mûrissent, se détachent et s'engagent dans l'oviducte pour se compléter en œufs. Le volume considérable que prend ce dernier organe augmente nécessairement le volume du ventre; il en résulte aux environs de l'anus une sorte de hérissement, de divarication des plumes, qu'on désigne sous le nom de *cul d'artichaut*. En outre, les excréments rendus par la poule ne renferment presque plus de cette matière blanche composée surtout de calcaire et qui constituait la plus grande partie de l'urine; les sels calcaires sont portés dans les parois de l'oviducte pour la formation de la coque des œufs.

Signes indiquant les bonnes pondeuses. — Les changements dont il vient d'être question étaient plus ou moins bien connus depuis longtemps, lorsque, après les avoir mieux étudiés qu'on ne l'avait fait jusqu'ici, M. Prangé les a signalés comme pouvant indiquer par leur intensité plus ou moins grande les bonnes et les mauvaises pondeuses. Nul autre signe connu ne peut, en effet, mieux que ceux-là fournir des indices d'une plus grande valeur sur les qualités des poules : la grandeur et la forme de la crête ou des barbillons sont sans importance sous ce rapport. On peut donc considérer comme bonnes pondeuses celles dont ces divers appendices sont vivement colorés, dont le cul d'artichaut est très-large, dont les excréments sont peu ou point chargés d'urine blanche.

Marche et variations de la ponte. — Les poules pondent des séries de douze à trente œufs environ ; les séries peuvent se répéter jusqu'à quatre fois dans le courant de l'année, en sorte qu'une poule peut donner jusqu'à cent vingt œufs par an. Mais on ne peut obtenir un si beau produit qu'avec des sujets parfaitement choisis et nourris, qui donnent les quatre séries d'œufs également fortes et auxquels on ne permet pas de couver. La série pondue au printemps est ordinairement la plus nombreuse ; les suivantes sont généralement moindres. Quant la ponte d'une série est commencée, les œufs se succèdent plus ou moins rapidement, suivant les sujets et la condition où ils se trouvent. Certaines bonnes poules donnent un œuf tous les jours ; le plus grand nombre n'en donne qu'un tous les deux et quelquefois tous les trois jours, pendant le temps de la ponte.

Les jeunes poules donnent des séries plus faibles

que celles de deux à quatre ans : les vieilles pondent également des séries de plus en plus faibles et moins répétées à mesure que l'âge augmente, jusqu'à ce qu'enfin la fécondité se soit éteinte.

Les poules tenues chaudement peuvent commencer à pondre en janvier ou février ; toutes pondent généralement en avril, mai, juin ; aussi est-ce à cette époque de l'année que les œufs abondent partout. La ponte est ralentie pendant les mois de juillet et d'août ; elle reprend de l'activité en automne pour cesser tout à fait en novembre et décembre, époque de la mue, c'est-à-dire de la chute et du renouvellement des plumes.

Il est dans l'ordre de la nature qu'après la ponte d'une série la plupart des poules soient prises du besoin de couver. Si on les laisse satisfaire cette passion, la ponte ne recommence que lorsque la couvée a été élevée, et alors cette ponte est ordinairement faible. En détournant la poule de couver, elle ne tarde pas de recommencer à pondre. On fait cesser le besoin de couver en retirant à la poule les œufs qu'elle cherche à couver, en la chassant des nids, et, si la passion est très-persistante, en lui plongeant le ventre à diverses reprises dans l'eau froide.

A l'époque de l'hiver, où la ponte est ordinairement suspendue chez toutes les poules, on ne peut obtenir des œufs d'un certain nombre d'entre elles qu'en les tenant à un régime excitant et très-nutritif, et dans un lieu chaud. On arrivera ordinairement à ce résultat en les nourrissant avec de l'avoine, du menu grain, des graines légumineuses, associés à une quantité modérée de chènevis, et en les logeant dans le fournil ou dans les étables chaudes.

Une température douce favorise la ponte, les grandes chaleurs la diminuent ; le froid l'affaiblit ou la suspend. De même, la maigreur résultant d'un mauvais régime ou d'autres causes, l'embonpoint, le régime d'engraissement, nuisent à la production des œufs. Le régime le plus favorable aux pondeuses est celui qui se compose de grains, de quelques matières animales (larves d'insectes, vers, viande cuite, etc.), d'un peu de verdure (laitue, orties, tubercules, etc.), et dont les poules puissent user en liberté dans les cours, afin que l'exercice qu'elles se donnent les empêche d'engraisser.

De la fécondation des poules. — C'est un fait parfaitement vulgaire que la ponte s'établit chez les poules quoiqu'elles soient totalement privées de relations avec le mâle, et que les œufs qu'elles produisent dans ce cas sont clairs, inféconds : le même phénomène est du reste général pour toutes les femelles animales. Mais ce qui est moins connu, c'est que lorsque les rapports peuvent être fréquents, la fécondation s'opère par séries et avant que la ponte de chaque série soit commencée ; de telle sorte que la poule peut donner dix à trente œufs féconds, sans nouveau rapprochement, et ces œufs n'exigent tous que le même temps d'incubation pour éclore. Ce fait fut signalé par Harvey d'abord et par Buffon ensuite : nous l'avons vérifié tout récemment. Ce mode de fécondation, qui n'a rien d'ailleurs d'autrement exceptionnel, était nécessaire ; puisque une fois que la ponte de la série est en train, l'oviducte, *unique communication connue* entre l'ovaire et le cloaque, est constamment obstrué par un ou plusieurs œufs en voie de développement.

Des nids et de la récolte des œufs. — Les poules sont instinctivement portées à choisir, pour déposer leurs œufs, des endroits retirés, rarement fréquentés, où elles ne soient pas dérangées : il est donc important de satisfaire à ces conditions dans le choix des lieux où l'on place les nids à pondre, afin qu'elles s'y rendent sans répugnance et s'y trouvent en sécurité. Le poulailler est toujours l'endroit le plus convenable pour cet objet.

Pour inviter les poules à pondre dans les nids, on y laisse ordinairement un œuf qui doit être le même pendant le plus long temps possible, car il s'altère et n'est plus bon qu'à jeter ; on peut éviter cette petite perte en le remplaçant par des œufs moulés en plâtre. Les nids doivent être visités tous les jours pour en retirer les œufs, qui perdraient de leur fraîcheur en séjournant trop longtemps sous les poules qui viennent pondre ou sous celles qui commencent de couver. L'heure de la tournée pour recueillir les œufs doit être celle où l'on rencontre le moins de poules sur les nids : l'heure de midi paraît la plus convenable, surtout si l'on a soin de choisir ce moment pour distribuer la nourriture, la plupart des pondeuses allant alors prendre leur part de la distribution.

Quoique les nids soient convenablement placés, il se rencontre toujours quelques poules qui vont pondre dans les fourrages, dans les pailles, les fournils, etc. Il faut épier ces récalcitrantes, d'abord pour découvrir leurs nids et s'emparer de leurs œufs, ensuite pour les retenir au poulailler le jour de leur ponte, jusqu'à ce qu'elles aient donné leur œuf. On connaît le jour qu'elles doivent pondre, soit en les observant, soit en leur palpant le ventre pour reconnaître *si elles ont l'œuf.*

CHAPITRE VI.

Incubation.

Les œufs contenant un germe ne peuvent donner de petits qu'autant qu'ils sont soumis sans interruption à une chaleur de 30 à 40°, et pendant un laps de temps dont la durée varie selon les espèces. La durée de ce temps est de vingt et un jours pour les œufs de poule. On appelle *incubation* cette opération de réchauffement : l'incubation est *naturelle* quand elle est pratiquée par un oiseau de même espèce que celui qui a fourni les œufs ou par une autre couveuse appartenant à une espèce voisine ; elle est *artificielle* quand on emploie la chaleur artificielle. Le terme *couvée* s'applique à l'ensemble des œufs d'une incubation et à la troupe de petits qui en provient.

Incubation naturelle. — C'est le mode le plus généralement employé et aussi celui qui, jusqu'à ce jour, a donné les meilleurs résultats en Europe.

Après la ponte d'une première série d'œufs, beaucoup de poules cherchent à couver. Cette disposition est annoncée par un *gloussement* particulier, à chaque instant répété ; la poule porte les ailes un peu écartées et pendantes, saisit beaucoup de grains qu'elle rejette aussitôt, marque une certaine inquiétude et cherche à couver tous les œufs qu'elle rencontre, quelquefois même des corps étrangers figurant des œufs, en s'accroupissant dessus pour les réchauffer par son contact ; les plumes du dessous de son corps se hérissent et paraissent plus rares ; si on examine la peau du dessous de la poitrine et de son ventre, on reconnaît qu'elle est plus épaisse, plus rouge et plus chaude que dans l'état ordinaire. Ces derniers changements annoncent une fluxion spéciale dans ces parties ; le sang y est appelé en abondance et se retire d'autant des organes sexuels et des caroncules de la tête, ce qui explique et la chaleur des points fluxionnés et la cessation de la ponte, ainsi que le flétrissement de la crête et des barbillons.

On peut provoquer artificiellement le désir de couver chez les poules et même les chapons en leur arrachant les plumes du dessous du ventre, en humectant la partie avec de l'esprit-de-vin, on la fouette ensuite avec quelques tiges d'ortie, puis on place l'animal ainsi préparé sur des œufs disposés dans un nid et on l'y maintient étroitement pendant quelque temps. Avec un léger emplâtre de farine de moutarde, on pourrait sans doute obtenir le même résultat.

Choix des couveuses. — Les poules familières, douces et hardies, conviennent mieux pour couver que celles qui sont sauvages et farouches ; les dernières abandonnent trop facilement les œufs ou sont disposées à conduire leur couvée dans les lieux écartés, et les exposent ainsi à périr ; la sauvagerie de leur caractère se transmet en outre plus ou moins aux poussins.

Choix des œufs. — Afin d'être certain de faire couver des œufs provenant de poules en relation avec les coqs, il faut les choisir chez soi ou chez des voisins. Les œufs frais sont préférables à ceux qui ont plus de huit jours, parce qu'ils sont rarement altérés et qu'ils éclosent plus tôt et plus régulièrement. Ceux qui ont subi l'agitation de longs transports ont souvent leurs éléments nutritifs et germinateurs désorganisés, alors ils s'altèrent promptement sous l'influence de l'incubation. Enfin, on a des poussins plus grands avec de gros œufs qu'avec des petits.

D'après l'opinion des femmes de l'archipel grec, confirmée par les observations de Parmentier, les œufs dont la couronne (chambre à air) est horizontale donneront un coq et ceux dont la couronne est oblique donneront une poule. Ce signe s'aperçoit en mirant les œufs, et aucun autre signe indiqué n'a plus de valeur.

Les œufs mis en incubation doivent être *mirés* huit jours après le commencement de l'opération, si l'on veut retirer du nid ceux qui resteront clairs ; à cet effet, on maintient l'œuf debout entre les deux mains et on le place entre l'œil et la lumière : les œufs qui présentent, à cet examen, un nuage opaque à quelque distance du gros bout, sont bons, ils donneront des poussins ; ceux qui sont restés translucides dans toute leur étendue sont clairs et altérés, il faut les retirer. On peut aussi, à ce moment de l'incubation, distinguer les œufs féconds des stériles en les plongeant dans l'eau tiède. Les premiers surnagent à cause de la diminution de leur poids et du grand espace occupé alors par la chambre à air ; les autres tombent au fond. Cette immersion n'a pas d'inconvénient si on a soin de les essuyer et de les remettre de suite sous la couveuse.

Tous les œufs d'une couvée doivent être à peu près égaux, afin que tous soient également chauffés et qu'ils éclosent à la même époque.

Lorsqu'on veut faire couver par la même couveuse des œufs de même volume, mais d'espèces différentes, et dont, conséquemment, la durée de l'incubation n'est pas la même, on fait commencer l'incubation des œufs qui exigent le plus de temps, on ajoute plus tard les œufs dont la durée d'incubation est moindre, de telle sorte que l'éclosion arrive simultanément pour les uns et les autres. Ainsi, on met quelquefois des œufs de canard et des œufs de poule sous la même couveuse : les premiers doivent être mis à couver huit jours avant les seconds, parce que la durée de leur incubation est de vingt-huit à trente jours, tandis que celle des œufs de poule est seulement de vingt et un jours.

Nombre d'œufs pour une poule. — Ce nombre est, bien entendu, proportionné à la taille de la couveuse et, pour cette raison, variable de douze à quinze. La dinde est souvent employée à couver des œufs de poule : cette couveuse peut couvrir une trentaine de ces œufs.

Couvées faibles. — Par diverses causes, un certain nombre d'œufs n'arrivent pas au terme de l'incubation ; quelques poussins périssent toujours lors de l'éclosion ou quelques jours après, d'où il résulte que la couvée est plus ou moins réduite. Dans cette prévision, il sera de bonne économie, si l'on a plusieurs couvées, de les faire toutes commencer le même jour ou à peu de distance les unes des autres, afin qu'elles éclosent à peu près en même temps ; à l'aide de cette précaution, on aura des poussins de même âge, ce qui facilitera les soins, et l'on pourra facilement réunir les couvées faibles et les confier à une seule couveuse. L'adoption des poussins par leur nouvelle mère se fait facilement si l'on prend la précaution de les introduire sous elle pendant la nuit. On peut employer la couveuse dépossédée de ses poussins à une nouvelle incubation ou la remettre au régime des pondeuses ; toutefois, plusieurs incubations de suite fatiguent et usent beaucoup les poules.

Epoque de l'incubation. — On peut faire couver pendant tout le temps de la ponte, mais les couvées du printemps sont celles qui réussissent le mieux et donnent les plus beaux poussins. Les couvées très-précoces ont pour avantages de donner des poulets dits *de grain*, plus beaux, étant plus âgés, et des poulettes qui pondent tard dès l'automne suivant; pour obtenir de telles couvées, il peut être nécessaire de se procurer des poules cochinchinoises, qui sont plus précoces que la poule commune. Les couvées d'automne réussissent généralement mal, souvent malgré les soins minutieux qu'il faut alors donner aux poussins.

Nids pour l'incubation. — Ces nids doivent être placés dans un endroit retiré et tranquille, où règne une température douce et égale, et où les couveuses ne soient pas inquiétées. Le nid consiste ordinairement en une caisse ou un panier placé près de terre et garni intérieurement d'une certaine quantité de paille froissée et bien tassée, pour mieux retenir la chaleur. La cavité doit en être proportionnée à la taille de la couveuse et le fond doit en être peu concave, afin que les œufs ne puissent se superposer, en roulant, les uns sur les autres.

Soins durant l'incubation. — Si la couveuse paraît avoir peu de disposition à rester sur le nid, il convient de l'y retenir de force pendant deux ou trois jours; elle s'attache bientôt à ses œufs, et dès lors cette précaution doit cesser. On surveille les couveuses, en ayant l'attention de ne point les effaroucher et les déranger trop souvent ; cette surveillance doit se faire, autant que possible, par la même personne. On mettra à leur portée de la nourriture et de l'eau, tous les jours renouvelées ; car les couveuses aiment à ne pas s'éloigner de leur nid et à prendre leurs repas promptement. Si, par une cause quelconque, les œufs se refroidissent pendant plus d'un quart d'heure ou d'une demi-heure, suivant la température du local, leurs germes périssent. Les œufs en incubation ont besoin d'être retournés de temps à autre, mais il est préférable de laisser ce soin à la couveuse. Certaines couveuses sont tellement assidues au soin de l'incubation qu'elles ne se lèvent pas pour prendre leur nourriture ; il devient alors nécessaire de les retirer du nid pour les envoyer manger et boire. Celles qui paraissent trop échauffées doivent recevoir un peu de verdure, telle que feuilles de laitue, d'ortie, racine de betterave, de topinambour, etc.

Préjugés. — Il existe sur l'incubation plusieurs croyances erronées et sans fondement, dont les gens observateurs ou instruits ne doivent tenir aucun compte ; telles sont les suivantes :

Que le nombre pair ou impair des œufs puisse avoir quelque influence sur le succès de la couvée ;

Que mettre à couver pendant telle ou telle phase de la lune puisse être nuisible ou favorable ;

Qu'un morceau de fer placé dans le nid soit de quelque utilité;

Que les poules provenant des œufs couvés par des dindes ne puissent devenir couveuses, etc.

Eclosion. — Elle commence le vingtième jour de l'incubation et se termine le vingt et unième. Dès le dix-neuvième jour on entend quelques poussins dans l'œuf, encore intact; bientôt, avec leur bec, ils brisent, ils *bêchent* la coquille où ils sont étroitement enfermés; c'est toujours sur le gros bout que commence cette rupture, la tête étant constamment placée dans cette partie de l'œuf.

Soins pendant l'éclosion. — Cette opération doit être le plus possible abandonnée à sa marche naturelle; des soins trop répétés, trop empressés, deviennent souvent intempestifs et causent la perte de plus de petits que l'abandon complet. Il faut donc s'abstenir de visiter trop souvent les couvées en train d'éclore; deux ou trois visites sont très-suffisantes, et encore convient-il de les faire pendant que la couveuse prend ses repas. Il faut laisser se dégager eux-mêmes les poussins qui ont bêché leur œuf et même ceux dont la coquille est entièrement brisée ou dont la tête est sortie; sans cette abstention, on s'expose à dégager beaucoup de sujets dont, l'incubation n'étant pas entièrement achevée, toute la vésicule ombilicale n'est pas rentrée dans le ventre ni le cordon ombilical oblitéré, et qui périssent quelques heures après.

Les soins doivent se borner à agrandir l'ouverture

des œufs, bêchés depuis quelque temps afin de permettre au petit de sortir sa tête; à examiner s'il ne s'en rencontre pas qui ne peuvent sortir de leur coque par suite du dessèchement trop prompt des humeurs qui entourent le poussin et qui le retiennent collé à la coquille. Dans ce cas, il convient de faire couler autour du poussin quelques gouttes d'eau tiède qui, en ramollissant les matières desséchées, facilitent sa sortie. S'il se rencontre des œufs qui tardent trop longtemps à éclore ou qui ne soient pas bêchés, quoique l'on entende le poussin à l'intérieur, on doit supposer que la coquille est trop solide et que le poussin n'a pas la force de la briser; dans ce cas, il sera bon de la fêler au gros bout, à l'endroit où l'on remarque un point livide; puis on remettra l'œuf dans le nid. Il faudra aussi retirer du nid les fragments libres de coquilles, si la poule ne prend pas ce soin.

Si la couveuse paraît disposée à quitter les œufs non encore éclos pour conduire hors du nid les premiers poussins, il deviendra nécessaire de lui retirer ces poussins, que l'on placera en un lieu chaud, dans un panier couvert et garni de plumes: on les lui rendra quand l'éclosion sera terminée.

Les poussins nouvellement éclos craignent excessivement le froid et l'humidité; ils n'ont pas besoin de nourriture pendant les vingt-quatre ou trente-six heures qui suivent leur éclosion.

Incubation artificielle. — Le mode de faire éclore les œufs par la chaleur artificielle est en usage depuis les temps les plus reculés en Egypte, dans l'Inde et dans le sud de la Chine.

En Egypte, cette opération se pratique dans des fours en terre, à peu près semblables à ceux que nous employons à la cuisson du pain. Ces fours sont disposés en nombre plus ou moins grand de chaque côté d'une galerie, sur laquelle s'ouvrent leurs portes étroites : ordinairement placés en deux rangées, l'une au-dessus de l'autre, les fours de la rangée inférieure communiquent par une large ouverture de leur calotte avec ceux de la rangée supérieure, qui s'ouvrent au dehors de la même manière. Les œufs y sont placés sur des nattes ou sur un lit d'étoupe. On se sert pour chauffer ces appareils de galettes, faites de fiente de vache ou de chameau, mêlées à de la paille.

Certains détails importants de l'incubation artificielle ont été tenus jusqu'à ce jour tellement secrets par les Egyptiens, que nous sommes encore réduits, en Europe, à les chercher.

Le procédé égyptien fut essayé en Italie par les Romains, et plus tard en France, à différentes époques, sans succès décidé. Le savant Réaumur expérimenta et étudia longtemps cette opération, dans le but de la propager, et depuis bien des personnes s'en sont occupé sans beaucoup plus de fruit; il y a deux ans que l'on ne citait plus que MM. Tricoche et Adrien jeune, à Vaugirard, qui fissent éclore des poulets par ce moyen, dans un appareil à vapeur de leur invention. Tout dernièrement M. de Frarière a publié dans l'*Agriculteur praticien* une note dans laquelle il signale comme condition essentielle de la réussite des œufs soumis à l'incubation artificielle la nécessité de les enduire d'une légère couche d'une matière grasse qui puisse modérer l'évaporation des liquides qu'ils contiennent, sans s'opposer toutefois à la pénétration de l'air nécessaire à la respiration de l'embryon.

Sans aucun doute, on pourra faire de l'incubation artificielle une opération d'industrie dont toutes les conditions de réussite soient très-bien connues. Mais l'obstacle sérieux que l'extension de ce procédé rencontrera toujours, réside dans la difficulté d'*élever lucrativement en grand* les milliers de poussins qu'on peut faire naître ainsi : ces animaux exigent en nourriture une ration trop élevée pour ne pas rencontrer toujours, dans les grandes espèces, des concurrents invincibles quand il s'agira de les nourrir avec des denrées vendables. Cette opinion est entièrement corroborée par ce qui se passe en Egypte même, pays classique de l'incubation artificielle. Il résulte, en effet, des récits qui ont été laissés de cette opération par divers auteurs, qu'en Egypte, les entrepreneurs d'incubation n'élèvent point en grand les poulets qu'ils font naître, que seulement ils soumettent à l'incubation des œufs qu'ils achètent ou que les particuliers d'alentour leur confient, et qu'aussitôt après l'éclosion, les poussins sont vendus ou rendus à leurs propriétaires moyennant une certaine rétribution. La preuve la plus digne de foi de ce qui vient d'être avancé se trouve dans l'ouvrage intitulé : *Tableau de l'Egypte*, tome Ier, page 270, par A. Galand, où cet auteur a écrit sur le procédé suivi en Egypte ce qui suit : « A peine les poussins ont-ils vu le jour, que leur premier mouvement est de piauler, le second de chercher leur nourriture ; mais ils en sont privés tout le temps qu'ils restent dans le lieu de leur naissance, *d'où ils sortent le troisième jour pour être vendus ou remis à leurs propriétaires.* » Ce qui se pratique dans ce pays pour les poussins est donc analogue à ce qui se fait en France, dans beaucoup de villages, pour la cuisson du pain dans les fours banals. A de pareilles conditions, l'incubation artificielle peut, chez nous aussi, rendre des services et devenir lucrative pour ceux qui l'entreprendraient avec des moyens certains de succès.

CHAPITRE VII.

Elevage.

Les principales causes qui peuvent faire périr un grand nombre de poussins pendant les dix premiers jours qui suivent l'éclosion sont le froid et l'humidité ; si donc l'élevage se fait à une époque froide et pluvieuse, il est de la plus grande importance de soustraire ces petits animaux à ces causes de mortalité. C'est alors qu'il est utile de disposer d'un endroit chaud et sec où l'on puisse les retenir pendant quelque temps.

La nourriture, d'une importance secondaire, se compose, pour les premiers jours, d'abord de pain émietté, auquel on ajoute peu à peu du millet, des menus grains, qui le remplacent bientôt tout à fait : un peu de chènevis, si le temps est froid, est très-favorable aux poussins.

Afin d'empêcher la mère de dévorer la plus grande partie de la nourriture que l'on donne aux poussins, afin aussi de pouvoir confiner la couvée dans un endroit déterminé de la cour, il est utile d'avoir à sa disposition une mue. On nomme ainsi une grande cage en osier ou autre bois, ayant la forme d'une cloche et dont les baguettes sont assez écartées entre elles pour permettre le facile passage des poussins. C'est dessous cette cage que l'on place la nourriture et la boisson des poussins, hors de l'atteinte des autres volailles de la basse-cour. Lorsqu'on veut empêcher que la couvée ne vague au loin, on enferme la mère sous la mue; et les petits, pouvant entrer et sortir librement, s'éloignent peu; ils se réfugient sous leur couveuse lorsqu'ils sentent le besoin de se réchauffer où lorsque quelque danger les menace : dans ce cas on leur jette la nourriture hors de la mue.

La sortie des grosses plumes de la queue et des ailes s'effectue vers le huitième jour , cette évolution est pour les poussins une époque de crise qui réclame un redoublement de soins pour leur éviter le refroidissement et l'humidité. Quand cette sortie de plumes est accomplie, les poussins ont passé les phases les plus dangereuses de leur élevage ; ils supportent mieux les intempéries à mesure que leur plumage devient plus fourni.

Soins éventuels. — Les poussins ayant besoin de nourriture vingt-quatre heures après l'éclosion, les premiers nés devront être retirés de dessous la couveuse ou du panier où ils sont enfermés, pour recevoir quelques repas de pain ; après chaque repas on les replacera au chaud : quand la couvée est tout éclose, ces repas se donnent à tous ensemble.

Si le nid à éclosion était à une certaine hauteur au-dessus du sol, il serait nécessaire de descendre la poussinée près de terre, tout en lui conservant un nid : sans cette précaution les petits, appelés par la mère, se précipiteraient et pourraient se tuer en tombant ; dans tous les cas, ils ne pourraient rentrer dans le nid, et la couveuse serait obligée de les réunir dans quelque endroit bien moins convenable.

Pendant les quatre ou cinq premiers jours, il convient, si le temps est beau, de faire sortir la couvée au grand air deux fois par jour et durant une ou deux heures chaque fois : on profite de ces moments de sortie pour donner la nourriture. Le sôleil est alors très-favorable à ces jeunes bêtes ; néanmoins la trop grande ardeur de ses rayons peut devenir nuisible à quelques-uns, c'est pourquoi il sera prudent de couvrir une partie de la mue, afin que ceux qui seraient incommodés puissent se mettre à l'ombre. Le cinquième jour passé, les poussins réclament plus d'exercice et de liberté, ils peuvent rester dehors depuis le lever jusqu'au coucher du soleil; il faudra toutefois prendre la précaution de les faire rentrer avant le crépuscule. Ces soins doivent être continués pendant environ cinq semaines. Lorsqu'ils ont atteint ce dernier âge, ils peuvent être mis avec les autres volailles; ils viennent prendre leur part de la nourriture distribuée, si l'on a eu l'attention de les habituer aux appels et aux heures de distribution.

Rendement des couvées. — C'est aussi vers l'âge de un mois à cinq semaines que les poussins se séparent de leur couveuse : ils ont alors passé les plus grandes chances de mortalité auxquelles ils soient exposés, et l'on peut regarder l'élevage comme terminé. Le nombre de ceux qui arrivent à cet âge égale en moyenne la moitié des œufs mis à couver : l'opération a très-bien réussi quand on obtient les trois quarts de poussins élevés. Une telle diminution résulte de la non-réussite de quelques œufs et des accidents qui surviennent pendant l'éclosion et l'élevage. Les couvées très-précoces comme les couvées très-tardives donnent, par les raisons qui ont été dites, un nombre moins grand que celles de mai, juin et août.

Mères artificielles. — On nomme ainsi des petits appareils destinés à abriter chaudement les poussins pendant l'élevage.

La mère artificielle décrite par Mme Millet se distingue par sa simplicité et, pour ce motif, paraît digne d'être recommandée. Sur un petit cadre carré, en bois, de 60 centimètres de cô é, on fixe à chaque angle des pieds ayant d'un côté 5 centimètres de haut et de l'autre côté 10 à 12 centimètres. Ce petit bâtis, étant placé sur les pieds, est recouvert dessus et fermé sur les côtés avec une peau d'agneau tannée dont la laine est tournée en dedans, de manière à constituer une petite chambre ouatée. La peau est clouée sur le cadre et sur les côtés semblables du bâtis jusqu'au bas des pieds, tandis que la portion destinée à fermer le grand et le petit côté, n'étant pas fixée jusqu'à l'extrémité des pieds, sert de portière pour l'entrée et la sortie des poussins.

La cabane ouatée se place sur une boîte, également en bois, de dimension un peu plus grande, garnie intérieurement d'une plaque de tôle devant servir à supporter des briques ou des pierres chauffées. Le dessus de cette boîte, où les poussins viendront s'accroupir, est percé de nombreux petits trous qui permettent le passage de l'air échauffé par les briques placées au dedans. L'appareil est complété par une planche inclinée, du couvercle à terre, qui facilite aux poussins l'accès de leur cabane.

Les avantages attribués aux mères artificielles sont de donner aux poussins un abri conservant longtemps une chaleur à peu près semblable à celle qu'ils trouvent sous une couveuse ;

De contenir un grand nombre de poussins de divers âges ;

De permettre d'élever artificiellement des poussins qui ont été couvés par des dindes, dont on les sépare après l'éclosion, afin de remettre les dindes à couver;

De séparer les poussins des poules qui les ont couvés, également dans le but de faire couver celles-ci une seconde fois ;

De rendre les accidents de l'élevage moins fréquents.

La mère artificielle doit être nettoyée tous les jours des ordures et souvent lavée, pour détruire les parasites qui ne manquent jamais de s'y fixer. La nourriture des poussins élevés avec une mère artificielle est la même que pour les autres.

CHAPITRE VIII.

Alimentation des Poules.

La poule se nourrit de grains, d'herbes tendres, de fruits, de racines, de tubercules, de larves d'insectes, de vers et même de viande, ce qui lui donne presque la qualité d'omnivore. Douée d'une vue excellente, d'un odorat délicat, elle discerne le moindre grain, la moindre larve, les bribes les plus ténues, répandus à la surface du sol. Son instinct pulvérateur, qui la porte à gratter le sol, à désagréger les immondices, les fumiers, les excréments des autres animaux, pour mettre à découvert les aliments qu'ils peuvent recéler, joint à sa nature d'oiseau, à sa petitesse, d'où dérivent l'activité et la rapidité de ses mouvements, toutes ces qualités, enfin, concourent à en faire l'espèce la plus précieuse pour utiliser les aliments de toute sorte répandus autour de nos habitations, et qui, sans sa présence, seraient perdus et même nuisibles. Mais cette activité même, qui rend la poule si utile, exige, pour être entretenue, une forte proportion d'aliments que la combustion vitale transforme, qu'elle anéantit pour la production directe. De là vient que la ration de ces petits animaux (12 p. 100) est quadruple de celle des grandes espèces; de là vient qu'ils ne peuvent donner des bénéfices qu'à la condition d'être presque entièrement alimentés avec des substances que leur état de dissémination ne permet pas de recueillir ou qui n'ont qu'une très-faible valeur vénale.

Les aliments suivants sont, en général, recherchés ou acceptés par les poules :

Grains et graines.

Blé,	Gesse jarrosse,
Orge,	Vesce ordinaire,
Maïs,	Alliez et lentille,
Avoine,	Chènevis,
Millet,	Tourteaux de lin,
Moha,	Id. de noix, de pavot,
Sorgho,	Châtaignes décortiquées,
Criblures de céréales,	Etc.

Racines et tubercules, fruits.

Betterave,	Marc de vin,
Carotte,	Pommes et poires altérées,
Pomme de terre,	Marc de cidre, pépins,
Topinambour,	Cerises,
Raisin,	Prunes, etc.

Herbes.

Laitue,	Quinoa,
Chicorée,	Oseille,
Epinard,	Ortie jaune, etc.

Substances animales.

Divers insectes,	Œufs d'insectes,
Vers lombrics,	Œufs de poule,
Chenilles et chrysalides,	Tripes,
Vers,	Viande cuite,
Larves de hanneton et autres insectes,	Id. hachée,
	Etc.

Préceptes généraux sur l'alimentation. — Lorsque la volaille est à peu près abandonnée à elle-même autour des habitations et dans les cours des fermes, elle trouve généralement les proportions convenables de grains, de verdure, de matières animales pour constituer un régime sous l'influence duquel elle donne des produits passables, pourvu qu'elle ne soit pas trop multipliée. Néanmoins, il sera toujours d'une bonne économie de lui distribuer, chaque jour, un supplément de nourriture qui, étant presque entièrement convertie en produits, sera toujours bien payée dans ce cas. Pendant les mois rigoureux de l'hiver, cette distribution de nourriture devient indispensable, si l'on veut encore obtenir quelques produits, ou seulement entretenir les animaux en bon état et les pousser à la précocité. La nourriture est encore bien payée alors, puisque les produits, étant plus rares, ont plus de valeur. A mesure que la volaille sera plus confinée ou concentrée en plus grand nombre sur un espace restreint, la nourriture distribuée devra être plus abondante, plus variée, et représenter surtout les éléments de l'alimentation naturelle qui manquent sur le terrain que la volaille occupe. Si, enfin, elle est confinée dans une basse-cour nue, dépourvue de fumiers, de gazon, d'arbres, il faut lui fournir une ration complète, constituée autant que possible avec les trois séries alimentaires, grains, verdure et matières animales, au moins avec les deux premières, grains et racines. Toutefois, le choix des aliments, pris dans les différentes séries, n'est pas sans importance, quand il s'agit de développer et d'entretenir l'état physiologique le plus favorable à l'abondance et à la qualité des divers produits. C'est ce que nous allons essayer d'indiquer dans les articles suivants.

Il est avantageux de faire les distributions de nourriture à des heures fixes, toujours les mêmes et dans un lieu déterminé. L'heure de midi paraît la plus convenable. La volaille s'habitue promptement à l'heure et à l'appel ; elle arrive de tous côtés pour prendre sa part, et par ce moyen on la possède réunie sous les yeux, et l'on peut la compter, juger de son état et pourvoir aux besoins qu'elle réclame.

C'est une bonne règle de ne donner, dans chaque distribution, que la quantité de nourriture qui peut être consommée immédiatement ; car le superflu rebute, dégoûte les animaux, et se perd le plus souvent. Les plantes vertes et les racines seules peuvent être données en excédant ; la volaille y revient souvent et les consomme presque totalement.

Si l'on veut se dispenser de la distribution journalière des grains, et cependant en mettre une provision à la portée des poules sans qu'elles puissent l'éparpiller et s'en dégoûter, il faut avoir recours à la *trémie anglaise*. C'est un meuble de poulailler composé de deux boîtes fixées l'une au-dessus de l'autre par quatre pieds. La boîte supérieure, où l'on met le grain, ferme à clef ; son fond forme une trémie qui s'ouvre dans la boîte inférieure ; celle-ci est peu profonde, son fond supérieur figure une pyramide peu élevée embrassant par son sommet tronqué la trémie. Chacune des quatre faces de ce fond est percée d'une ouverture munie d'une petite porte pouvant s'ouvrir à l'aide d'une bascule formée de deux leviers portant au dehors un marchepied sur lequel les poules peuvent monter ; quand l'un de ces oiseaux se place sur le marchepied, son poids en détermine l'abaissement et la porte de la boîte s'ouvre ; dès lors, la poule peut, à son aise, manger le grain qui est descendu ; quand elle quitte le marchepied, la boîte se referme.

Influence spéciale de quelques aliments. — Le chènevis, les tourteaux de noix excitent les poules à pondre, puis à couver ; mais l'abus de ces aliments peut les rendre malades.

Le maïs est considéré en Gascogne comme poussant à la ponte ou à la graisse, suivant l'état des animaux ; on croit aussi qu'il empêche la disposition à couver de se manifester.

L'avoine est partout regardée comme disposant à la ponte et à la couvée.

Le seigle est difficilement accepté par les poules.

Les herbes et les racines sont utiles à la volaille pour la nourrir, la raffraîchir et entretenir la liberté du ventre. La betterave, le topinambour, la pomme de terre disposent à l'engrais et conviennent, étant donnés avec d'autres aliments, pour mettre les animaux en chair. La betterave, d'abord dédaignée, est ensuite acceptée et mangée avec plaisir. On facilite la consommation de ces aliments en les coupant en petits morceaux. La pomme de terre et le topinambour peuvent être donnés crus, mais ils paraissent préférables cuits et mêlés à du caillé, du son, des farines grossières.

Les matières animales, vantées outre mesure par divers auteurs, sont recommandables, à la condition de n'entrer dans le régime de la volaille que pour une proportion limitée. Il est en effet de notoriété, dans le Midi et l'Est, que les poules alimentées avec des chenilles et des chrysalides de vers à soie, donnent des œufs dont l'odeur et le goût sont désagréables. Les faits ne manquent pas non plus qui établissent la mauvaise qualité de la chair des volailles de diverses espèces engraissées avec des hannetons, des produits de verminières, etc. Pris en quantité modérée, ces aliments sont d'une utilité réelle pour les jeunes volailles, les pondeuses et celles qu'on prépare à l'engraissement.

Verminières. — On peut obtenir des quantités considérables de larves d'insectes au moyen des verminières. Dans un endroit un peu écarté des habitations, on creuse une fosse ayant environ 1 mètre de profondeur et une capacité proportionnée à la quantité de matières que l'on se propose d'employer. Cette fosse est ensuite comblée avec les matières suivantes, disposées par couches superposées :

1° Couche de paille de seigle hachée menu et épaisse de 12 à 15 centimètres;

2° Couche de crottins frais de cheval;

3° Couche de terre, à laquelle on a mêlé des issues provenant des animaux tués dans les boucheries ou dans les clos d'équarrissage, viande d'animaux morts, marc de raisin, de cidre, avoine et son altérés;

4° Par-dessus cette couche animalisée, on recommence la série paille, crottins, terre et matières animales, qu'on reproduit jusqu'à plénitude de la fosse, qui doit être ensuite recouverte d'une couche de terre et protégée contre les attaques des chiens par des fagots d'épines assujettis avec des pierres ou des piquets. Bientôt le mélange s'échauffe et fermente ; il s'y développe une immense quantité de larves et de vers. Chaque jour, on retire avec une bêche une certaine quantité de ce mélange de terre et d'animalcules, qu'on jette à la volaille.

La viande des animaux qui périssent peut aussi être utilisée pour les poules : on la fait cuire, puis on la coupe en très-petits morceaux, que l'on donne de suite ou que l'on fait sécher pour conserver.

Régime d'élevage. — Les aliments de toutes les catégories, pris simultanément ou alternativement, conviennent aux poussins âgés de plus de dix jours. C'est pendant cette période de la vie que les matières animales peuvent être d'une grande utilité. La liberté et surtout l'abondance de la nourriture sont les conditions essentielles pour obtenir des jeunes bêtes précoces et de belle venue.

Régime des pondeuses. — Outre les aliments que les pondeuses trouvent dans les basses-cours, un supplément de nourriture leur est ordinairement nécessaire. Dans le choix de cette nourriture, on accordera la préférence à l'avoine, à l'orge, au sarrasin et aux graines de légumineuses (gesses, vesces), qui admettent une forte proportion de chaux dans leur composition ; les déchets de froment, le maïs, conviennent moins. Des herbes et des racines doivent être à portée de ces animaux. Les matières animales, en petite quantité, ne peuvent être qu'utiles. Il est essentiel que les poules pondeuses rencontrent dans le terrain qu'elles parcourent une certaine quantité

4.

de substances calcaires, telles que sables calcaires, mortiers, plâtras, dont elles prennent quelques parcelles, les unes siliceuses, les autres calcaires. Les dernières sont quelquefois nécessaires à la formation de la coque des œufs, dont chacun emporte environ 5 grammes de carbonate de chaux. La précaution de mettre des sables calcaires à la portée des poules est particulièrement indiquée pour celles qui sont confinées dans des basses-cours étroites, et lorsqu'elles sont alimentées avec criblures, blé de basse qualité, maïs, tubercules et racines qui ne contiendraient pas, dans la ration journalière, la proportion de chaux qu'exige la ponte et l'ossification. La ponte d'œufs à coquille incomplète ou sans solidité, doit le plus souvent être rapportée au défaut d'une proportion convenable de chaux dans les aliments.

La liberté et une température douce sont favorables à la ponte.

CHAPITRE IX.

Engraissement.

L'engraissement consiste à imprimer aux animaux un accroissement considérable en chair et en graisse, à l'aide d'un régime et de soins appropriés.

Son but économique est à la fois de donner plus

de valeur à certaines denrées en les transformant en viande et graisse, et d'augmenter la valeur de la viande en la rendant plus nutritive, plus succulente et plus agréable au goût des consommateurs.

L'engraissement ne donne ses résultats les plus avantageux, que lorsqu'il est pratiqué sur des sujets pris dans certaines conditions d'âge, de conformation et de préparation, qu'il est essentiel de connaître.

Age. — Les jeunes volailles qui n'ont pas terminé à peu près leur accroissement, prennent de la chair lorsqu'elles sont soumises au régime d'engraissement, mais elles n'engraissent pas. Sous cet état, quoique ne renfermant pas de graisse, elles constituent un excellent aliment. Les vieux coqs et les vieilles poules, malgré un engraissement assez facile, ne donnent qu'une viande de basse qualité, dure, coriace par suite de l'ossification plus ou moins avancée des tendons et des énervations musculaires. L'âge auquel ces animaux peuvent atteindre le plus haut degré d'obésité et fournir une viande possédant les meilleures qualités, est celui où l'accroissement de la taille vient de se terminer, c'est-à-dire de six mois à un an.

Choix. — Beaucoup de volailles sont livrées à la consommation sans être préalablement engraissées. Les poulets de grains sont vendus seulement en chair lorsqu'ils ont atteint une certaine taille. Dans la plupart des fermes, les volailles ne sont pas autrement engraissées qu'en leur donnant une nourriture plus abondante pendant quelque temps. Dans ces cas, le choix n'a pas d'importance. Il en est autrement lorsqu'il s'agit de pousser l'opération jusqu'à ses dernières limites : le choix des sujets que l'on soumettra à l'engraissement est alors une condition essentielle de succès et de profit, même quand il s'agit d'une race spécialement propre à l'engraissement. L'expérience a appris aux engraisseurs de la Sarthe et de l'Ain que les volailles qui engraissent le mieux sont celles issues de parents jeunes, nourries abondamment pendant l'élevage, robustes, sanguines, et âgées de six à sept mois : si ce sont des femelles, qu'elles n'aient pas pondu ; si ce sont des mâles, qu'ils soient vierges. Quels que soient le sexe et la race, les sujets qui ont les pattes courtes, recouvertes d'une peau souple, le corps large dans toutes ses parties, les masses musculaires très-développées, le dessous des ailes bien blanc, les yeux cerclés de rouge sous les paupières, sont ceux qui donnent les meilleurs résultats à l'engraissement.

Préparation. — Castration ou chaponnage. — Les coqs seuls sont préparés à l'engraissement par la castration : cette mutilation n'est pas nécesaire aux poules, quoique, en divers pays, on pratique sur elles des opérations que l'on nomme castration.

Les jeunes coqs tenus séparés des poules pour être préparés à l'engraissement n'ont pas besoin d'être chaponnés.

La castration n'est facile que lorsque les coqs ont atteint l'âge de trois à quatre mois ; avant cet âge, leurs organes de reproduction étant très-petits, seraient difficiles à trouver.

Lorsqu'on veut apprendre la pratique de cette opération, il faut ouvrir un coq entier, afin d'étudier la position des testicules et de bien se familiariser avec la voie à suivre pour atteindre ces organes. Autant que possible, il faut chaponner lorsque ces animaux sont à jeun et par un temps doux. Les seuls instruments nécessaires sont une grosse aiguille, du fil ciré et un bistouri, à défaut duquel on peut se servir de la lame convexe ou droite d'un canif ; il est essentiel au succès de l'opération que la lame employée soit parfaitement affilée, afin d'obtenir plus de promptitude dans l'incision et de netteté dans la plaie. Un aide est nécessaire pour maintenir l'animal sur les genoux de la personne qui opère ; cette dernière doit être assise commodément et avoir à portée de sa main les objets indiqués. L'aide saisit le coq et le place renversé sur les cuisses de l'opérateur, qui doit saisir le cou de l'animal avec ses genoux pour maintenir la partie antérieure du corps, pendant que l'aide, tenant les pattes, porte la droite en arrière et la gauche en avant, le long du corps ; le ventre et le flanc gauche étant ainsi découverts, l'opérateur arrache les plumes à l'endroit où doit être faite l'incision, à 3 centimètres environ au-dessous et à gauche du cloaque ; ensuite, il soulève la peau du ventre avec l'aiguille pour l'éloigner des intestins, puis l'incise transversalement, de manière à obtenir une ouverture par laquelle il puisse facilement passer le doigt indicateur. Par cette ouverture, il introduit le doigt, en soulevant l'intestin jusqu'à la hauteur du gésier, où il rencontre le testicule gauche, qu'il détache et amène au dehors ; il répète la même manœuvre pour le testicule droit ; ensuite il range les intestins, s'ils étaient déplacés, rapproche et affronte les lèvres de l'incision, qu'il assujettit en contact avec quelques points de suture au fil ciré. Si, ce qui arrive quelquefois, l'un des testicules s'échappe et s'égare dans l'abdomen, il est inutile de perdre du temps à le chercher ; la présence de cet organe est sans inconvénients dès qu'il a été détaché. On doit apporter la plus grande attention d'éviter de piquer l'intestin ou de le comprendre dans les points de suture, ces accidents étant ordinairement mortels. Dans quelques localités, les personnes qui chaponnent ont l'habitude de faire avaler au malheureux animal les organes qu'elles viennent de lui enlever : c'est là une pratique au moins ridicule. Pendant que l'on tient les animaux qui viennent d'être chaponnés, on leur ampute ordinairement la crête, ce qui permet de les reconnaître facilement dans le troupeau. Les crêtes et les organes sexuels enlevés, recueillis et préparés convenablement, constituent un mets très-délicat.

L'animal qui vient d'être opéré doit être placé dans un endroit tranquille, sur de la paille fraîche. Il sera prudent de l'empêcher de percher sur les juchoirs jusqu'à entière guérison. La prudence exige encore qu'il ne soit pas tenu trop longtemps éloigné des autres volailles, qui pourraient ensuite le méconnaître et l'attaquer A partir du moment qu'il est opéré, on peut mettre à sa portée de la nourriture et de la boisson. S'il arrive que les animaux soient très-affectés, il faut visiter les plaies et s'assurer de leur état, les laver avec de l'eau tiède si la suppuration est abondante. Quelques sujets refusent de manger et menacent de périr ; dans cette circonstance, il est préférable de les sacrifier, afin de ne pas les perdre totalement ; ils peuvent être consommés sans inconvénient.

La *castration des poules* ne peut être faite qu'en ouvrant l'abdomen pour arracher ou écraser la grappe qui constitue l'ovaire ; c'est une opération dangereuse, à cause des délabrements étendus qu'elle nécessite. Dans beaucoup de contrées, ce que l'on nomme castration des poules consiste dans l'extirpation des glandes uropygiennes, situées sur la queue, ou bien dans celle de quelques flocons graisseux placés entre l'anus et la base de la queue. L'opération, ainsi faite, atteint des parties qui n'ont aucune relation avec les organes de la reproduction. Ces pratiques, sans doute originaires d'Italie, sont une fausse application du mode de castration qui a dû être préconisé par Fabrice d'Aquapendante, après qu'il eut découvert la bourse qui conserve son nom, et qui est située à la partie supérieure du cloaque des oiseaux *mâles et femelles*. Par ce qui est connu sur la manière dont s'opère la fécondation des poules et par ce qui est inconnu sur les usages de la bourse de Fabricius, il est à peu près permis d'affirmer que l'extirpation de cet organe ne peut constituer un mode efficace de castration. La pratique suivie dans la Sarthe et dans la Bresse démontre, d'ailleurs, que les femelles destinées à faire des poulardes n'ont nullement besoin de ces mutilations pour réussir parfaitement.

Mise en chair. — On ne peut arriver à faire de belles volailles qu'en les préparant de longue main à subir l'engraissement par un régime capable d'en accroître les masses musculaires, c'est-à dire la chair rouge, qui est la partie la plus nutritive de leur corps. En l'absence de cette condition, les animaux prennent la graisse, sans doute; mais ce produit, n'ayant pas eu le temps de pénétrer entre les faisceaux musculaires, est mal réparti dans le corps, les volailles ne sont pas rondes, n'ont pas de mine, ainsi que l'a écrit avec raison Mme Millet. Une bonne mise en chair s'obtient avec plus de lenteur que l'engraissement; heureusement, cette préparation n'exige que peu de soins et qu'un régime peu coûteux. Par là s'explique comment les 19/20es environ de la volaille sont vendus en chair seulement et à des prix minimes, comparativement à ce que vaut la volaille fine grasse.

Les sujets que l'on veut mettre en chair doivent recevoir chaque jour, à heure fixe, une ou deux distributions de nourriture. La nature de ces aliments peut varier suivant les saisons, les localités et diverses autres circonstances. La plupart des grains conviennent, excepté le seigle. Le maïs, le sarrasin, les pâtées de pomme de terre cuites écrasée, seules ou mêlées à du bon son, à des farines ; des betteraves à discrétion, de petites quantités de substances animales, vers ou viande cuite et hachée, forment le fond de ce régime.

Pour empêcher que les autres oiseaux de la cour ne dévorent cette nourriture, il sera presque toujours avantageux d'habituer les sujets qui doivent la recevoir à venir la prendre dans un parquet spécial ou dans une cour particulière, d'où on les laissera sortir, quand ils seront repus, pour aller en liberté rejoindre le reste du troupeau. Il sera encore rationnel de les retenir de plus en plus longtemps dans leur parquet, à mesure que le moment de les mettre à l'épinette approchera.

La plupart des volailles ainsi préparées sont déjà très-bonnes à consommer ; les poulets dits *de grain* ne sont pas autrement engraissés, souvent même on prend moins de soins pour les mettre en chair.

Les sujets destinés à faire des poulardes, des coqs vierges, doivent être tenus en chair pendant toute la durée de leur élevage, mais surtout pendant les derniers mois.

Engraissement terminal. — Quand les animaux sont bien en chair, l'engraissement s'achève et se perfectionne rapidement ; ce point est important, car cette période est la plus coûteuse de l'opération.

Les conditions de succès et de rapidité de l'engraissement sont une alimentation humide, très-riche en principes nutritifs, et la séquestration absolue dans un endroit sec, chaud, obscur, tranquille et tenu très-proprement.

On obtient ces conditions de diverses manières. La moins bonne consiste simplement à renfermer les animaux dans une pièce obscure, sèche, chaude, dont le sol est recouvert de paille, et à leur distribuer la nourriture d'engraissement. Les oiseaux pouvant encore se donner du mouvement engraissent moins vite et moins parfaitement que par le procédé suivant, où l'opération se fait dans des épinettes et des cages.

Les *épinettes* ont la forme d'une caisse de longueur variable, large de 50 centimètres, profonde de 40, et supportée par quatre pieds, hauts de 60 à 70 centimètres; leur face antérieure est formée par un grillage en barreaux verticaux, assez espacés pour permettre aux volailles de passer facilement la tête et le cou; la face inférieure est également à claire-voie, formée de barreaux dirigés dans le sens de la longueur de la caisse, pour permettre aux bêtes de se tenir facilement et à leurs excréments de tomber au-dessous. L'épinette est divisée en compartiments larges de 30 centimètres par des cloisons dirigées d'avant en arrière, et débordant en avant de 20 centimètres environ, afin d'empêcher les volailles occupant les compartiments contigus de se voir; la face supérieure est percée, au-dessus de chaque compartiment, d'une ouverture fermant par une petite porte à coulisse, et destinée à l'introduction et à la sortie des oiseaux. Les sujets à engraisser sont placés dans ces compartiments la tête du côté de la face grillée, à travers laquelle ils prennent leur nourriture, placée dans une petite auge que l'on accroche à une hauteur convenable ; ils ne peuvent se retourner et n'ont que le choix de rester debout ou de s'accroupir.

Lorsqu'on fait des engraissements qui commencent avant la terminaison de ceux qui sont en train, il faut avoir plusieurs épinettes, parce qu'il est important que la même épinette ne contienne que des animaux arrivés au même point d'engraissement et réclamant les mêmes soins.

Les épinettes employées dans la Sarthe sont des cages en bois blanc, montées sur des pieds de 50 centimètres de hauteur ; leur largeur est de 1 mètre à 1 mètre 20 centimètres ; leur profondeur de 70 à 80 centimètres, et leur longueur proportionnée au nombre de têtes que l'on veut y mettre ; le fond en est à claire-voie comme dans les épinettes précédentes, et sur toute la longueur de la face supérieure règne une ouverture pouvant fermer par une porte grillée. Les poulardes et les chapons sont placés dans ces cages sur deux rangs : la tête en dehors, le croupion en regard, suivant la ligne moyenne.

Quelle que soit l'espèce d'épinette ou de cage que l'on emploie, la plus grande propreté est de rigueur dans leur tenue, dans celle du local qu'elles occupent pendant l'engraissement ; car le contact avec la peau des ordures, ou seulement leurs émanations, suffisent pour communiquer à la viande un goût et un fumet désagréables. C'est pourquoi il est nécessaire de placer au-dessous des épinettes de la paille pour recevoir les excréments, et de renouveler tous les jours cette litière à l'heure d'un repas. Les barreaux souillés d'excréments devront, de même, être nettoyés avec soin. L'obscurité, un certain degré de chaleur (15 à 18°), un bon aérage et la tranquillité la plus absolue doivent régner dans l'atelier d'engraissement pendant l'intervalle des repas, afin que rien ne puisse distraire ou exciter les animaux à l'engrais.

Alimentation. — Les volailles ordinaires mises à l'épinette sont d'abord, pendant trois ou cinq jours, nourries au grain et abreuvées avec de l'eau, pour les habituer peu à peu à leur nouvelle position ; la distribution se fera trois fois par jour. Après ce temps, on peut remplacer le grain par une pâtée épaisse faite avec la farine brute du grain qui doit servir à l'engraissement (sarrasin, maïs, orge, etc.), et d'eau, ou mieux de lait caillé ; si l'engraissement se faisait pendant les temps froids, il pourrait être utile d'employer le liquide chaud ; la pâtée est distribuée d'abord trois fois par jour, puis deux fois seulement, à des heures fixes, dont on ne se départira plus pendant toute la durée de l'engraissement. Il est non moins essentiel de ne mettre devant les animaux que la quantité de nourriture qu'ils peuvent consommer dans un repas ; la présence continuelle des aliments nuirait à leur appétit, et l'excédant n'en peut être utilisé que pour les autres bêtes qui ne sont pas à l'engrais. Au moment de chaque repas l'auge doit être nettoyée avec soin avant de recevoir la nouvelle ration d'aliments. La boisson est inutile quand on nourrit à la pâtée.

Après quinze jours de ce régime, les bêtes de bonne nature, bien préparées, sont ordinairement très-grasses ; elles peuvent être livrées à la consommation. Néanmoins, elles ne peuvent pas, par ce moyen, arriver au dernier degré de l'engraissement. Pour atteindre ce but, il faut avoir recours à *l'empâtement* pendant quelques jours encore.

On empâte les bêtes à l'engrais en leur faisant prendre de force, à la fin de chaque repas, un certain nombre de boulettes faites avec des farines débarrassées de son et pétries avec de l'eau ou du lait caillé ; les farines employées à cet usage peuvent être celles de sarrasin, d'orge et de maïs ; on donne aux boulettes la grosseur et la forme d'un gland ou d'une olive. Une personne adroite peut presque toujours, sans aide, administrer ces pâtons. A cet effet, elle s'empare de l'animal, s'assied, le maintient debout au devant d'elle en lui étreignant les pattes entre les genoux ; ayant dès lors les deux mains libres, avec la gauche elle ouvre le bec, avec la droite elle enfonce le pâton dans le gosier en le poussant le plus avant possible avec le doigt ; quand le premier pâton est arrivé dans le jabot, elle en administre un second, puis un troisième, etc. Dans le commencement de l'empâtement un ou deux pâtons après chaque repas peuvent suffire ; mais, vers le milieu et la fin, on arrive à en donner un plus grand nombre. Du reste, suivant les circonstances, les repas entiers peuvent être donnés par empâtement. Dans quelques endroits, on empâte avec une bouillie que l'on fait prendre à l'aide d'un petit entonnoir dont le tube se termine en bec de flûte; ce dernier mode convient surtout pour les canards et les oies. Dans tous les cas, on ne doit administrer ainsi de force que des aliments très-nutritifs, peu volumineux et de facile digestion. Quand les animaux commencent à respirer difficilement, il est temps d'arrêter l'engraissement.

Quelques bêtes digèrent mal les aliments qu'on leur a fait prendre en trop grande quantité; la nourriture descend dans le jabot et fermente dans ce réservoir ; en pareil cas, il faut attendre que la digestion soit faite avant de donner de nouveaux aliments. Cet accident pourra presque toujours être évité, si, avant de faire prendre un repas, on s'assure, en palpant le jabot, que le repas précédent a été digéré.

Méthode suivie dans la Sarthe et dans la Bresse. — Suivant les renseignements les plus dignes de foi, recueillis et publiés par Mme Millet, les volailles de luxe des environs du Mans, après avoir été bien préparées, sont placées dans la cage précédemment décrite et immédiatement soumises à l'empâtement. On simplifie et facilite la conduite de l'opération en ne plaçant dans la même cage que des sujets arrivés au même degré d'embonpoint et devant en conséquence parcourir simultanément les mêmes phases de l'engraissement.

La nourriture employée se compose, dans tous les cas, de farines de sarrasin, d'orge et d'avoine, soigneusement blutées, très-pures de tous corps étrangers et surtout des parcelles siliceuses et gypseuses, provenant du repiquage récent des meules. Ces farines sont pétries avec du lait aigre ou préférablement du lait doux. Quelques engraisseurs emploient seulement la farine de sarrasin, d'autres donnent la préférence à un mélange de trois parties de blé noir (sarrasin) ou d'orge et d'une partie de farine d'avoine, obtenues ensemble par la mouture.

Pour confectionner les pâtons, la farine est placée, dans une terrine ou dans un pétrin, en quantité convenable pour le nombre de bêtes et pour un repas ; on fait un trou au milieu du tas pour verser le lait en quantité telle qu'on obtienne par le pétrissage une pâte ferme n'adhérant pas aux doigts. Le pétrissage étant complet, on roule la pâte par petites portions sur une planche et on en fait des pâtons de la forme et de la grosseur d'une olive. Les pâtons sont administrés par deux personnes, dont l'une tient la poularde sur ses genoux et lui ouvre le bec, et l'autre introduit le pâton dans le gosier, le pousse profondément avec le doigt, puis, avec le pouce et l'index, le fait descendre jusque dans le jabot en pressant légèrement le cou. Ces manœuvres sont répétées jusqu'à ce que l'animal ait pris la quantité de pâtons qu'exige un repas : ce nombre peut être d'abord de deux pour un repas, mais si l'animal digère bien, on le porte à trois, quatre, cinq, puis sept, dix et même douze vers la fin de l'engraissement. Après chaque repas, l'animal est replacé dans la cage, à côté des autres ; on fait prendre ainsi deux repas par jour, à douze heures d'intervalle, pendant lesquelles l'animal est abandonné au repos le plus absolu. Avant de donner un repas, on palpe le jabot des bêtes pour s'assurer qu'elles ont digéré le repas précédent. Quand la digestion n'est pas faite, on s'abstient pour le moment d'emboquer le patient ; on lui donne à boire seulement un peu d'eau ou de lait, qui facilite ordinairement la digestion. S'il se rencontre des volailles que ce régime rende malade, il convient de leur rendre la liberté pour leur donner le temps de se remettre : on les reprend plus tard.

Le terme de l'engraissement arrive du quinzième au vingtième jour. Il est indiqué par la difficulté que les animaux éprouvent dans la respiration ; ils sont ronds de graisse, ont le derrière très-lourd et la peau parfaitement blanche.

En Bresse, suivant ce qu'a écrit M. Chanel sur ce sujet, on suit un procédé à peu près identique pour l'engraissement de la volaille justement renommée de ce pays. La nourriture d'engraissement se compose d'un mélange de farines de sarrasin et de maïs blanc, pétries avec du lait doux et façonnées en boulettes ou pâtons. On donne deux repas aussi, un le matin, l'autre le soir ; les animaux sont emboqués de la même manière, et pour faciliter la déglutition des pâtons, on les trempe dans un peu de lait, ou bien on fait avaler un peu de ce liquide. Pour le reste, même disposition des cages, mêmes soins de propreté, repos absolu, etc. Seulement quelques engraisseurs crèvent encore les yeux à leurs animaux, cruauté blâmable et inutile.

Manière de tuer et préparer pour la vente les volailles grasses. — Comme les animaux de boucherie, les volailles grasses ne doivent être tuées qu'après un jeûne d'environ vingt-quatre heures, qui permette au jabot et aux intestins de se vider. L'extraction de ces derniers est alors plus facile. On tue les volailles maigres ou demi-grasses en les égorgeant, c'est-à-dire en leur coupant les troncs veineux près de la tête et les tenant ensuite suspendues par les pattes, afin de faciliter l'écoulement du sang et ainsi de donner plus de blancheur à la viande. Mais les volailles de prix réclament plus de soins et sont tuées à l'aide d'un couteau effilé ou de la lame aiguë d'une paire de ciseaux que l'on enfonce par le palais jusque dans le cerveau, puis en coupant en dedans de la gorge les grosses veines du cou sans entamer la peau; on fait ensuite saigner complétement en suspendant l'animal par les pattes, après quoi on lave le bec.

Aussitôt après la mort, on extrait les intestins par le cloaque; à cet effet, on introduit le doigt par cette ouverture jusque dans le rectum, que l'on renverse en le ramenant au dehors, alors on coupe cette partie circulairement autour du doigt, en ayant soin de retenir le bout de l'intestin ; puis, tirant ensuite sur l'intestin avec précaution, on le ramène entièrement au dehors et on le coupe à son origine, près du gésier. Le foie et le gésier doivent rester dans l'abdomen. Ce vidage est indispensable : car, si l'intestin séjournait pendant quelque temps dans l'animal mort, l'odeur et la saveur des matières stercorales se transmettraient à la viande, la rendraient détestable, et de plus faciliteraient sa décomposition. Le vide laissé par l'enlèvement des intestins est comblé à l'aide de boulettes de papier gris que l'on introduit par le cloaque : ce remplissage maintient le volume et conserve la forme de la pièce.

Les volailles doivent être plumées lorsqu'elles sont encore chaudes ; dans cette opération il faut éviter avec le plus grand soin les déchirures de la peau, qui dépareraient la pièce et nuiraient à sa vente ; après avoir été plumée, la pièce est mise à refroidir dans l'eau fraîche si l'air est chaud, sinon, on se contente de la laver, de l'essuyer et de l'envelopper dans un linge. Les femmes de la Bresse cousent leurs volailles de prix dans un linge fin en leur donnant la forme ovale, ensuite elles imbibent le linge avec du lait, dans le but de donner plus de blancheur et de souplesse à la peau.

On ne doit emballer ces produits qu'après leur complet refroidissement : chaque pièce est enveloppée dans du papier gris ; on les expédie ordinairement dans des bourriches.

Les volailles que l'on expédie vivantes dans des

cages dites *à poulets* doivent être placées sur un bon lit de paille ou de foin, si l'on veut éviter qu'elles s'écorchent le dessous de la poitrine et soient dépréciées par suite de ces blessures.

CHAPITRE X.

Des œufs, composition, qualités et conservation.

Les œufs sont, après la viande, le produit le plus important de la volaille; ils constituent un aliment à la fois agréable, salubre et très-nutritif. Le blanc et le jaune d'œuf sont séparément employés dans quelques industries.

Comme aliment, l'usage général que l'on fait des œufs et leur composition chimique établissent que leur valeur nutritive est à peu près égale à celle de la viande. Ils contiennent en effet les substances destinées à la formation des organes du poussin sous l'influence de l'incubation, et ces substances se retrouvent précisément dans la viande à un état peu différent; telles sont l'albumine, les graisses et les huiles, le sucre, la matière colorante, les sels de chaux, de magnésie, de potasse, de soude, le soufre, le phosphore, etc. Dans l'œuf, les substances nutritives qui le composent représentent, la coque non

aucun choc intérieur ; les vieux, au contraire, sont plus légers et font sentir à cet essai un léger choc, résultant du déplacement des matières intérieures ;

4° Par l'essai dans l'eau salée : on se procure un œuf récemment pondu, mais refroidi, puis dans un vase ayant une profondeur égale à quatre ou cinq fois la longueur de l'œuf, on met de l'eau dans laquelle on fait fondre du sel jusqu'à ce que l'œuf frais, étant abandonné doucement à la surface du liquide, tombe avec lenteur vers le fond. On comprend que ce liquide salé puisse ensuite servir à séparer les œufs frais des vieux, puisque les œufs entièrement pleins, par conséquent frais, gagneront le fond du vase, en vertu de la relation existant entre leur poids et leur volume, tandis que les vieux, renfermant une plus grande quantité d'air qui les rend plus légers, resteront près de la surface, ou tomberont plus lentement que les premiers.

Quand on plonge un œuf frais dans une quantité d'eau bouillante représentant au moins douze fois son volume, il se fêle et laisse échapper une certaine quantité de son contenu : ce petit accident, qui a pour cause la plénitude de l'œuf et la subite dilatation des parties intérieures, ne se produit pas quand le volume de l'eau bouillante est beaucoup moindre, parce que dans ce dernier cas la température du liquide est subitement abaissée par l'immersion de l'œuf. Dans l'une et l'autre circonstance, les œufs vieux ne se fèlent pas, par la raison qu'ils contiennent une grande bulle d'air qui cède à la pression puis s'échappe à travers la coque.

L'odeur particulière que répandent les œufs durcis par la cuisson ou décomposés par la putréfaction, est due à une combinaison de soufre (sulfure d'hydrogène) qui, entre autres propriétés, possède celle de noircir les ustensiles d'argent.

D'après ce qui précède, la conservation des œufs doit consister dans l'emploi des moyens propres à les préserver de l'évaporation, conséquemment de l'introduction de l'air, des variations de température pouvant déterminer l'évolution des germes ou la putréfaction.

Les œufs pondus vers la fin de l'automne, n'étant pas exposés à un commencement d'altération comme ceux de l'été, sont, avec raison, considérés comme plus faciles à conserver. Il paraît certain, en outre, que les œufs dépourvus de germe se conservent mieux que ceux qui ont été fécondés.

Les conditions favorables à la conservation des œufs peuvent être obtenues de différentes manières.

On a proposé d'enduire les œufs avec des vernis, des corps gras ou plastiques, capables de s'opposer à l'évaporation et à l'introduction de l'air extérieur ; mais ces moyens ont l'inconvénient de prendre du temps et d'être dispendieux, sans mieux assurer la conservation.

Quand les œufs ne doivent être conservés que peu de temps, on pourra se contenter de les enfermer dans des caisses ou des vases remplis, soit de son, soit de grains, de sciure de bois, de sable sec, de poussier de charbon, etc.; ces matières pulvérulentes assurent une conservation prolongée en s'opposant à l'évaporation, surtout si les vases ont été placés dans un lieu frais et sec, à température à peu près constante.

Mais le moyen de conservation le plus certain et le plus durable consiste à enfermer les œufs dans un vase rempli d'eau de chaux récemment préparée, et à les garder dans un endroit frais. L'eau de chaux se prépare en prenant de la chaux vive ou de la chaux éteinte depuis peu, que l'on délaie dans une quantité d'eau froide plus grande que celle qui sera nécessaire pour baigner et recouvrir les œufs ; le *lait de chaux* qui en résulte est abandonné au repos pendant quelques heures ; le liquide clair qui se sépare de l'excès de chaux employée est l'*eau de chaux*, que l'on décante pour l'usage dont il s'agit. L'eau de chaux s'oppose non-seulement à l'évaporation, puisque les œufs sont plongés dans ce liquide, mais la terre alcaline qu'elle tient en dissolution bouche les pores de la coquille et s'oppose à toute fermentation, soit de l'œuf, soit des matières organiques que l'eau pourrait renfermer.

TABLE DES MATIERES.

Chapitre VII.

Chapitre VIII.

Chapitre IX.

Chapitre X.

www.ingramcontent.com/pod-product-compliance
Ingram Content Group UK Ltd.
Pitfield, Milton Keynes, MK11 3LW, UK
UKHW020935180726
13838UKWH00002B/970